Collana Arcobaleno

Viale Manzoni 59
00185 Roma
Tel. 06/77 20 90 20
Fax 06/704 740 67
E-mail: direnzo@direnzo.it
Internet: http://www.direnzo.it

Fabio Cardone

LA FUTURA ENERGIA

Dall'atomica alle reazioni nucleari ultrasoniche

Di Renzo Editore

Introduzione

Questo volume vuole essere un resoconto specifico di come si è potuti arrivare in Italia a dimostrare la possibilità di avere reazioni nucleari mediante gli ultrasuoni e, in generale, la pressione.

Il linguaggio usato è semplice, ma non elementare: lo scopo è permetterne la lettura sia a fisici nucleari, sia a umanisti, mantenendo comunque un rigore scientifico assoluto, senza mai cadere nella semplificazione eccessiva.

Le parti che narrano i concetti e la teoria vengono presentate in termini geometrici fondamentali, senza citare nulla di più del noto teorema di Pitagora.

Pertanto è un libro breve, il cui fine è didattico, ma non divulgativo in senso stretto: non vi sono formule, né formalismi matematici e neppure grafici, con l'eccezione di quelli che riportano i risultati di misure fondamentali non rappresentabili altrimenti e di una tabella con i risultati delle analisi chimico-fisiche, che rendono evidente il fenomeno sperimentato.

Lo scopo è far parlare le immagini dei risultati, dare voce alle foto degli strumenti e degli scienziati, ma soprattutto alle foto delle radiazioni e dell'energia nucleare prodotta negli esperimenti.

Tutto questo con l'intento dichiarato di porre i lettori dotati di cultura scientifica e quelli dotati di cultura umanistica sulla stessa base di partenza.

Viceversa per soddisfare gli scienziati in generale e gli studiosi di fisica in particolare vi è l'ottima postfazione curata da Eliano Pessa che provvede un'eccellente disamina comparativa tra i fondamenti teorici della scoperta descritta e le teorie fisiche comunemente accettate seguendo il duplice punto di vista della *sorgente della forza* e del *campo di forza*.

Al caro amico Comandante Diego Martella
della Marina Militare Italiana
per il suo sincero spirito di sacrificio nel sostenere
la scoperta scientifica descritta in questo libro.

Capitolo I

Premessa: l'energia nucleare e la pressione anni 1943-1945

L'energia nucleare fu liberata per la prima volta in Italia, a Roma, nell'ottobre del 1934 da Enrico Fermi, insieme ai suoi colleghi e collaboratori, usando l'elemento radioattivo uranio e per mezzo dei neutroni, che sono gli elementi neutri del nucleo atomico. Sfortunatamente, il processo con cui venne liberata l'energia nucleare non fu subito riconosciuto. Infatti si trattava della scissione del nucleo dell'uranio per mezzo di neutroni, ma all'epoca era fortissima la convinzione che il nucleo dell'atomo, di qualunque atomo, non potesse essere spezzato, tanto meno scisso, in modo tale da liberare l'energia racchiusa nel nucleo stesso, l'energia appunto che gli permetteva di esistere. Questa fortissima convinzione era dovuta all'opinione del fisico che nel 1919 aveva scoperto l'esistenza del nucleo dell'atomo, il barone inglese Ernest Rutherford, il quale aveva sentenziato che il nucleo dell'atomo "sarebbe sempre stato uno spreco e non una sorgente di energia per l'umanità". Tuttavia, la scoperta di Fermi non era così chiara e netta da sgomberare i dubbi. Molti scienziati – tedeschi, come Ida

Noddack, e francesi, come Irène Curie – avanzarono l'ipotesi della scissione dell'uranio in due parti quasi uguali, altri – come l'austriaca Lise Meitner – rimasero arroccati nel pregiudizio di Rutherford. La situazione fu incerta e confusa per due anni e Fermi, anche a causa delle circostanze fortuite e casuali in cui aveva realizzato l'esperimento e la scoperta[1] (con l'aiuto casuale di una donna delle pulizie), chiese lumi sia a Rutherford che a Niels Bohr, senza però riceverne indicazioni utili. Anzi, Bohr, che era stato il collaboratore di Rutherford e l'ideatore del modello di atomo che da lui prende il nome, aumentò l'incertezza e la confusione di Fermi, con i suoi giudizi contorti e confusi. Pertanto, fu solo quattro anni dopo, nel novembre del 1938, che la liberazione dell'energia nucleare mediante la scissione dell'uranio fu riscoperta in Germania, a Berlino, da Otto Hahn e Fritz Strassmann, liberatisi dai pregiudizi di Lise Meitner che finalmente era emigrata in Svezia[2]. Da questo momento, il fenomeno venne battezzato dallo stesso Bohr "fissione nucleare", su parere del biologo americano Ford, che fece l'analogia tra una cellula che si separa per dare vita a due cellule. Alla fine Bohr fece ammenda dei suoi precedenti giudizi confusi dicendo: "Come abbiamo fatto a non accorgercene prima?". Da allora la ricerca dello sfruttamento dell'energia nucleare procedette speditamente. Già nel maggio 1939 venivano depositati in Francia, a

1 Cfr. Cardone, F. - Mignani, R. (2000), *Enrico Fermi e i secchi della Sora Cesarina*, Di Renzo, Roma 2016.

2 Cfr. Jungk, R. (1955), *Brighter than a Thousand Suns*, Penguin, London 1960. Trad. it. *Gli apprendisti stregoni*, Edizioni PGreco, Milano 2015.

Parigi, i primi due brevetti per la costruzione di un reattore nucleare, e l'ingegnere e fisico Frédéric Joliot iniziò la costruzione di quello che sarebbe potuto divenire il primo reattore nucleare. Vi furono però due circostanze avverse che frenarono tale ricerca. La prima fu storica, infatti lo scoppio della Seconda Guerra Mondiale e l'umiliante sconfitta della Francia, che portò alla conquista tedesca di Parigi, impedirono a Joliot di finire la costruzione del suo reattore, le cui parti andarono perdute tra Parigi e Bordeaux, dove erano state spedite per sottrarle all'esercito tedesco in avanzata. La seconda, più grave, era di natura scientifica e dipendeva da come usare l'uranio radioattivo per produrre l'energia nucleare su vasta scala in grandi quantità. Lo strumento da tutti riconosciuto valido era la reazione a catena inventata e brevettata nel 1937 in Inghilterra dall'ungherese Leo Szilard, a seguito di una vivace discussione con Rutherford proprio sul problema della liberazione dell'energia nucleare. Tuttavia, la reazione a catena poteva aver luogo nell'uranio solo a condizione che ve ne fosse una quantità minima, questa quantità fu chiamata massa critica dell'uranio e doveva essere calcolata. E qui sorse il problema: tutti, da Fermi al suo grande amico e collega, nonché rivale, il tedesco Werner Heisenberg, sbagliarono il calcolo di questa massa critica. Gli stessi brevetti francesi del 1939 riportano la formula sbagliata e il risultato errato.

Il resto lo fece la Seconda Guerra Mondiale. Fermi emigrò negli Stati Uniti e divenne, nel 1941, il direttore scientifico del Progetto Uranio; risolse l'errore per tentativi, con metodo empirico, e nel dicembre 1942 costruì a Chicago, grazie al laboratorio metallurgico dell'Università, il primo reattore nucleare che poi, dal suo nome, fu chiamato Pila di Fermi, in ricordo dalla Pila di Volta per l'elettricità. La cosa buffa, da un punto di vista storico, è che la Pila di Fermi fu costruita nel sottoscala di uno stadio a causa di uno sciopero degli edili, che aveva impedito alla ditta appaltatrice Webster Costruzioni la costruzione del nuovo laboratorio fuori Chicago, ad Argonne. Heisenberg, invece, non volle emigrare negli Stati Uniti, sebbene Fermi glielo avesse chiesto implicitamente; rimase in Germania e divenne il direttore dell'Uranverein, l'equivalente "Progetto Uranio" tedesco, ma non riuscì a risolvere in modo efficace il problema della massa critica. Il suo reattore fu completato nell'aprile del 1941, ma non diede buoni risultati fino a tutto il 1942, quando Fermi aveva ormai realizzato il suo. A questo punto, in Germania venne tentata una via per l'energia nucleare parallela al progetto diretto da Heisenberg. L'idea concepita fu di aggirare il problema della massa critica usando la pressione, in modo tale da generare, a partire da un'onda di pressione, un'onda d'urto all'interno di una quantità qualsiasi di uranio, prescindendo così dalla sua massa critica. I principali uomini che tentarono questa via furono Kurt Diebner, Walther Gerlach e Walter Trinks, i quali, a partire dal 1943, si applicarono alle reazioni nucleari prodotte o catalizzate con la pressione. Subito si accorsero che la pressione applicata all'uranio da sola non bastava a innescare la reazione a catena e, quindi, passarono dalle onde di pressione alle onde d'urto.

Le onde di pressione hanno un andamento armonico, si dice sinusoidale, come le onde del mare, invece l'onda d'urto è impulsiva e violenta come un'onda del mare che si infrange di colpo contro gli scogli: è la differenza che passa tra un suono armonioso e uno scoppio improvviso. Tuttavia, è evidente che un'onda di pressione in condizioni opportune può essere trasformata in un'onda d'urto, come avviene appunto quando il mare si infrange sugli scogli. Lo strumento che essi impiegarono fu la dinamite, ma a forma di sfera cava, contenente uranio radioattivo nella cavità. L'esplosivo cavo era il modo migliore per indirizzare l'energia e la pressione dell'esplosione ed era stato scoperto per caso negli Stati Uniti, nel XIX secolo, durante gli scavi minerari. Successivamente, il fenomeno delle cariche esplosive cave era stato studiato ed era stato chiamato, genericamente, fenomeno della "carica cava". Venne poi applicato a scopi bellici per la realizzazione di cariche da demolizione contro fortificazioni o proiettili perforanti contro carri armati; in questa tecnologia la Germania aveva raggiunto eccellenti risultati. Poiché, con la Seconda Guerra Mondiale in corso, lo scopo ultimo di tutti questi studi era sfruttare l'energia nucleare per realizzare un ordigno bellico, in parole povere una bomba atomica, Diebner e gli altri si applicarono allo studio di cariche cave nucleari all'uranio. Tuttavia, Diebner pensò di andare oltre l'uso del solo uranio, con le sue reazioni a catena di fissione nucleare, e decise di usare anche le reazioni termonucleari di fusione: questa fu ovviamente un'idea di un'audacia inaudita[3]. Infatti, era noto dagli studi teorici – di Bohr e John A. Wheeler in Inghilterra e di Hans Bethe e Carl Friedrich von Weizsäcker in Germania – che vi era un altro modo per liberare l'energia nucleare, oltre la fissione. Era la fusione termonucleare dei nuclei leggeri, quali il carbonio, l'azoto, il litio, l'elio e l'idrogeno, in particolare l'idrogeno pesante detto deuterio, il quale forma in natura la cosiddetta acqua pesante.

Vi è una perfetta contrapposizione tra i nuclei degli elementi, quando si tratta di far liberare loro l'energia nucleare. Quelli pesanti come l'uranio devono scindersi, questo avviene a temperatura ambiente grazie alla radioattività, mentre quelli leggeri devono unirsi, fondersi appunto, ma a decine di milioni di gradi, ovvero ad altissime temperature come nelle stelle. Diebner immaginò di ottenere queste altissime temperature in un duplice modo: da una parte con l'energia nucleare della fissione dell'uranio, causata dall'onda d'urto dell'esplosione della carica cava, dall'altra con l'innalzamento della temperatura dovuta all'onda d'urto stessa. Pensò quindi di realizzare una bomba ibrida a due stadi, a fissione e fusione: la carica cava conteneva l'uranio radioattivo che, a sua volta, era cavo e conteneva acqua pesante con il deuterio. A questo punto, l'unico problema era come far esplodere la carica cava in modo da generare l'onda d'urto che producesse la compressione

3 Cfr. Karlsch, R. (2005), *La bomba di Hitler*, Lindau, Torino 2014.
Karlsch, R., Petermann, H., (2007) *Für und Wider "Hitlers Bombe" (Cottbuser Studien zur Geschichte von Technik, Arbeit und Umwelt)* Waxmann 2007.

dell'uranio, per innescare la reazione a catena delle fissioni dei suoi nuclei, e alzare così la temperatura che avrebbe portato il deuterio a fondere, aumentando e amplificando in tal modo la liberazione dell'energia nucleare. Il problema fu risolto da Trinks, che sviluppò il metodo dell'esplosione simultanea di tutte le parti della sfera cava di dinamite, mediante un innesco elettrico che prese il suo nome. Con tale esplosione simultanea si realizzava un'onda d'urto sferica ma soprattutto simmetrica, ossia con uguale potenza lungo tutti i raggi di una sfera[4].

Con un metodo completamente diverso, ma in uso ancora oggi negli ordigni nucleari, negli Stati Uniti, il chimico ucraino George Kistiakowsky aveva realizzato il concetto dell'onda d'urto sferica e simmetrica pensato da Seth Neddermeyer. Il metodo era quello delle lenti esplosive, ossia non una carica cava di dinamite ma una sfera di piastrelle di dinamite messe insieme come un pallone di calcio. Questo metodo Kistiakowsky-Neddermeyer non serviva a risolvere il problema affrontato da Diebner, di aggirare la massa critica dell'uranio, ma solo a produrre la reazione a catena in una massa critica, in modo più sicuro ed efficiente, in particolare quando al posto dell'uranio si usava nell'ordigno l'elemento artificiale radioattivo plutonio. Ovviamente Diebner non sapeva fino in fondo perché l'onda d'urto realizzasse le reazioni nucleari ma, tant'è, in guerra basta che le cose funzionino; a capire perché, si fa sempre a tempo dopo.

---

4 *Ibidem.*

Il sistema della pressione fu sperimentato con successo con il primo ordigno nucleare tedesco fatto esplodere nell'isola di Ruegen, nel mar Baltico, nell'ottobre del 1944. Successivamente, gli altri due ordigni costruiti furono fatti esplodere in Turingia per ordine del generale Hans Kammler, capo del progetto nucleare tedesco, nel marzo 1945, prima che la regione fosse conquistata dall'esercito russo. Un mese dopo la Germania si arrendeva, finiva la Seconda Guerra Mondiale in Europa e i risultati degli studi sulle reazioni nucleari indotte con la pressione andarono in gran parte perduti[5]. Invece, il primo ordigno nucleare americano, Trinity, che funzionava con il metodo di pressione Kistiakowsky-Neddermeyer, fu sperimentato nel Nuovo Messico nel luglio 1945, sotto la direzione del generale Leslie Groves, capo del famoso progetto nucleare americano "Manhattan".

Solo più di quindici anni dopo la fine della guerra, Diebner pubblicò alcuni dei risultati, ma i meno rilevanti[6], e portò fino alla morte il segreto di ciò che avevano realizzato, così come tutti gli altri che vi avevano partecipato. Forse fu questo il segreto meglio mantenuto durante e dopo la Seconda Guerra Mondiale. Anche durante la loro prigionia in Inghilterra nel 1945 Diebner e Gerlach evitarono di parlare con i loro colleghi, detenuti anch'essi, di

5 *Ibidem.*

6 Diebner, K. (1962), "Fusionprozesse mit Hilfe konvergerter Stosswellen-einige aeltere und neuere Versuche und Ueberlegungen", in *Kerntechnik*, 3, pp. 89-93.

questi risultati[7]. In seguito, altri – come Sylwester Kaliski[8] in Polonia oppure Friedwardt Winterberg[9] in Germania – provarono a esplorare l'uso della pressione nelle reazioni nucleari, ma poiché i risultati di Diebner non vennero utilizzati, tutto dovette essere riscoperto, un po' come era successo con la fissione che, scoperta da Fermi, dovette essere riscoperta da Hahn.

Per una breve storia per immagini dell'energia nucleare e degli ordigni americani e tedeschi, insieme ai vari protagonisti, si vedano le foto a chiusura di questo capitolo.

---

7 Vedi ad es. Bernstein, J. *Il club dell'uranio di Hitler*, Sironi 2005.

8 Kaliski, S. (1977), cit. in "Comecon", in *Nature*, 269, p. 370. L'esperimento di Sylwester Kaliski – il primo ad aver realizzato una fusione termonucleare tramite esplosione conica concentrica, con elevato grado di simmetria, di deuterio compresso allo stato gassoso – è stato annunciato nel 1977 sulla rivista *Trybuna Ludu* del Partito Comunista polacco. Cfr. anche Derentowicz, H. - Kaliski, S. - Wolski, J. - Ziolkowski, W. (1977), "Generation of Thermonuclear Fusion Neutrons by Means of a Pure Explosion, Part I – Experimental Results", in *Bulletin de l'Academie Polonaise des Sciences*, XXV.

9 Winterberg, F. (1984), "Autocatalytic fusion-fission implosions", in *Atomkernenergie/Kerntechnik*, 44/2, pp. 145-148.

Breve storia per immagini dell'energia nucleare.

Enrico Fermi

Ernest Rutherford

Niels Bohr

Otto Hahn

Ida Noddack

Irène Curie

Leó Szilárd

Frédéric Joliot

Kurt Diebner

Walther Gerlach

Hans Kammler

1ª esplosione atomica in Germania (12 ottobre 1944)

George Kistiakowsky

Seth Neddermeyer

Leslie R. Groves

1ª esplosione atomica negli Stati Uniti (16 luglio 1945)

Capitolo II

Gli ultrasuoni, la cavitazione e la fusione termonucleare anni 1989-1991

La scoperta della sonoluminescenza nel 1989 sorprese molto e a lungo[9]: era infatti inaspettato che il suono e gli ultrasuoni potessero indurre i liquidi a emettere luce o, più in generale, onde elettromagnetiche, ossia radiazione elettromagnetica di cui la luce è un caso particolare, come fu scoperto nel XIX secolo. Vennero avanzate ipotesi e stime su quale fosse il meccanismo che permetteva alle onde di pressione del suono e degli ultrasuoni di indurre l'emissione della luce da parte dei liquidi, ma presto ci si accorse che il vero fenomeno scatenante non era la pressione da sola, ma la "cavitazione".

La cavitazione è un fenomeno che fu scoperto casualmente nell'acqua al principio del XX secolo, quando le prime eliche metalliche delle navi risultarono piene di piccole cavità dopo un certo periodo di funzionamento. Presto, si comprese la causa di quelle cavità che danneggiavano il metallo: erano le bolle di gas disciolto nell'acqua che,

---

9 Cfr. Metcalf, H. (1998), "That Flashing Sound: Sonoluminescence", in *Science*, 279/5355, pp. 1322-1323.

quando l'elica si muoveva, invece di scoppiare e liberare il gas, esplodevano al contrario, ossia "implodevano", collassando su loro stesse contro la superficie metallica. Questa implosione o collasso delle bolle incideva sul metallo causando cavità, da cui il nome cavitazione. Successivamente, si capì che questo processo di collasso iniziava dalle onde di pressione e poi procedeva da sé, ma riusciva anche a concentrare in tempi brevissimi una grande quantità di energia in un volume piccolissimo, addirittura microscopico. Inoltre, il suono e, in particolare, gli ultrasuoni riuscivano a causare con la loro pressione il collasso delle bolle di gas, normalmente disciolte nell'acqua a pressione atmosferica e a temperatura ambiente. Questo avveniva, nello specifico, quando le oscillazioni avevano una frequenza alta, da un minimo di 5.000-8.000 oscillazioni al secondo fino a un massimo di 20.000-25.000 oscillazioni al secondo.

La cosa notevole è che, con la cavitazione e il collasso delle bolle su loro stesse, l'onda di pressione degli ultrasuoni viene trasformata spontaneamente dalle bolle in onda d'urto. Questo avviene però solo quando l'onda di pressione è decisamente più grande del diametro della bolla che sta schiacciando. Un po' come le onde del mare che, se sono basse, possono far cadere una persona immersa nel mare fino al torace ma, se sono alte, possono spezzare il collo anche a una persona immersa solo fino al ginocchio; e questo perché l'altezza dell'onda è maggiore dell'altezza della persona. A questo punto, venne calcolata quale poteva essere la temperatura che l'onda d'urto della cavitazione di una bolla doveva raggiungere per permettere l'emissione della luce; i risultati delle stime furono sorprendenti. Partendo dalla misurazione della luce emessa, vennero stimate temperature dell'onda d'urto di migliaia di gradi, poi di centinaia di migliaia e, infine, anche di milioni di gradi. Ovviamente queste temperature avevano effetto solo a livello microscopico sugli atomi dei gas e dell'acqua, spingendoli a liberare la luce insieme alle cariche elettriche di cui gli atomi sono composti[10].

La sonoluminescenza venne quindi presa come esempio della possibilità di concentrare alte energie e alte temperature in tempi piccolissimi e in volumi di spazio ridottissimi, microscopici. Ovviamente, il passo successivo fu molto breve: in pratica, molti studiosi, in molti laboratori, pensarono di aver trovato "microscopiche cariche cave nucleari" nelle bolle soggette a cavitazione, purché il gas dentro le bolle contenesse sostanze i cui nuclei potessero generare reazioni nucleari, se sottoposte all'onda d'urto della cavitazione e alla sua alta temperatura. Quest'idea delle "microscopiche cariche cave nucleari" fu, di fatto, una riscoperta degli esperimenti di Diebner e Gerlach, che sfortunatamente non erano mai stati sufficientemente conosciuti.

Venne adottato lo stesso tipo di criterio delle bombe tedesche, ossia si pensò di eseguire la cavitazione dell'acqua pesante contenente idrogeno pesante, il deuterio appunto, e vedere se si producevano reazioni termonucleari a causa

---

10 Cfr. Brennen, C.E. (1995), *Cavitation and Bubble Dynamics*, Oxford University Press, Oxford (GB).

delle alte temperature stimate per la cavitazione. In parole povere, si pensò di raggiungere la fusione termonucleare "inerziale" del deuterio, ma partendo dalla temperatura ambiente e dalla pressione atmosferica. Questo faceva sì che il deuterio fosse inerte prima della cavitazione, da cui il nome "inerziale", ma poi reagisse a causa del collasso delle bolle contenenti il vapore d'acqua pesante: le bolle contenenti vapore d'acqua pesante venivano dunque pensate come microscopici reattori inerziali di fusione termonucleare del deuterio.

L'idea sembrò affascinante, ma soprattutto relativamente facile da mettere alla prova, in una visione però ingenua dei fenomeni fisici, per cui molti laboratori tentarono la via della cavitazione con gli ultrasuoni in modo empirico e un po' euristico: in parole povere, mediante tentativi fatti a casaccio e con alterne fortune. Contemporaneamente, anche senza nulla sapere dell'esperienza maturata in Germania durante la Seconda Guerra Mondiale, venne seguita l'idea di mescolare all'acqua pesante anche sostanze radioattive (quali il solfato oppure il nitrato di uranile), per facilitare le reazioni indotte dalla cavitazione ossia dalla sua onda d'urto. Questa, inconsapevolmente, era la via inversa seguita da Diebner e Gerlach, che partiti dall'uranio radioattivo, avevano poi pensato di aggiungere l'acqua pesante.

È sorprendente come nella storia del pensiero umano nessuna persona abbia in esclusiva il brevetto del cervello e le idee tornano e ritornano, in modo diretto o inverso, come in un movimento di andirivieni nel tempo e nelle menti. Comunque, dopo i primi entusiasmi facili e gli inevitabili cocenti fallimenti, iniziò un breve periodo di riflessione, il cui risultato fondamentale fu la genesi, effettuata non si sa bene da chi per primo, del termine con cui indicare le reazioni nucleari indotte o catalizzate per mezzo della pressione: "le reazioni piezonucleari" (dal vocabolo che in greco antico indicava la pressione).

In effetti, il termine "piezonucleare" fu introdotto da Steve Jones in un articolo della rivista inglese *Journal of Physics*, nel 1986. Non è chiaro se Jones fu il primo a usare il termine, comunque in letteratura non sembra esservi un precedente autore che lo utilizzi. Certamente, Jones non intendeva con questo nuovo termine indicare reazioni nucleari di nuovo tipo.

Un altro risultato, forse il più sorprendente, di questa sorta di fase interlocutoria, dopo l'oblio dell'esperienza tedesca, fu che le due principali istituzioni pubbliche che si occuparono di finanziare gli esperimenti furono il Dipartimento della Difesa e il Dipartimento dell'Energia degli Stati Uniti d'America, i quali, a partire dal 1991 e per i successivi quindici anni, sono stati i principali motori degli esperimenti che hanno portato a quelli che possiamo riconoscere come i due modelli americani delle reazioni piezonucleari.

Capitolo III

Il primo modello americano anni 1992-1998

Il primo tentativo serio, condotto con successo negli Stati Uniti, di realizzare reazioni nucleari mediante la cavitazione, fu dovuto a George Russ, il quale si appoggiò anche all'esperienza di un grande scienziato giapponese, Yoshiaki Arata, che è stato uno dei più autorevoli studiosi della fusione termonucleare inerziale all'interno di sistemi fisici costituiti da metalli ed elementi leggeri, tra cui lo stesso deuterio.

Arata è riconosciuto come uno dei capiscuola e degli iniziatori di quella nuova branca della fisica nucleare che è stata infine denominata delle "reazioni nucleari a bassa temperatura in materia condensata" e che, nelle intenzioni dei suoi massimi esponenti e studiosi, dovrebbe comprendere anche le reazioni piezonucleari. Sfortunatamente, la scelta di questa denominazione non è stata molto felice e risulta portatrice di fraintendimenti e confusioni; tuttavia, è almeno servita a mettere un po' d'ordine nelle discussioni scientifiche. Per quel che ci riguarda, e per chiarezza, è bene limitarsi alle reazioni piezonucleari o, ancor più semplicemente, alle reazioni nucleari ultrasoniche.

I risultati di Russ sono stati i primi a fornire un ragionevole indizio del fatto che la cavitazione prodotta dagli ultrasuoni potesse dare luogo a reazioni nucleari, anche se le prove di tali reazioni non sono in genere sufficientemente chiare. Il modello di macchina, o se si preferisce di reattore, realizzato da Russ consisteva in una piastra metallica – di un metallo opportuno il cui reticolo cristallino potesse assorbire idrogeno o meglio ancora deuterio – e di un contenitore di acqua pesante in cui venivano immessi gli ultrasuoni.

Gli ultrasuoni venivano prodotti con un generatore elettrico, che inviava una corrente elettrica variabile in modo oscillante a una colonna di piastre piezoelettriche, che a loro volta trasformavano l'oscillazione elettrica della corrente in oscillazione meccanica delle singole piastre, tutte in modo sincronizzato, e da esse l'oscillazione meccanica veniva trasferita all'acqua con vari accorgimenti.

Il fine ultimo era di fare in modo che le bolle contenenti vapori di acqua pesante fossero compresse da oscillazioni ultrasoniche, entro l'intervallo che avrebbe dato luogo alla cavitazione. Le bolle finivano per subire il collasso della cavitazione proprio in fondo al contenitore, dove andavano a incidere contro la piastra metallica che contribuiva ulteriormente a concentrare il deuterio, grazie alla sua capacità di assorbirlo nel reticolo cristallino. Era un po' come raccogliere granelli di polvere su un tavolo, premendovi contro un nastro adesivo, in modo da ottenere la massima concentrazione dei granelli nel minor spazio possibile.

Il sistema sembrava funzionare e la piastra su cui avveniva il collasso delle bolle di acqua pesante, dopo un certo periodo di tempo, in alcuni suoi punti fondeva (in senso termico convenzionale e non nucleare) e veniva misurata la presenza di gas elio, che all'inizio del processo era assente. In particolare, la presenza di elio era in sintonia con i risultati di Arata, che però aveva usato solo la pura pressione del gas di deuterio su polveri metalliche.

Russ propose queste due circostanze come indice del fatto che avvenivano reazioni termonucleari del deuterio, i cui prodotti finali erano elio ed energia, e da cui la fusione del metallo della piastra[11].

Il problema fu però duplice, sia scientifico che tecnico. Il problema scientifico fu che non vi erano sufficienti evidenze e misure di neutroni e raggi gamma, che sono due dei tre prodotti della fusione termonucleare del deuterio. Il neutrone è il componente neutro dei nuclei – mentre il protone è quello carico (positivamente) – e i raggi gamma sono le onde elettromagnetiche di altissima energia prodotte dai nuclei. Il deuterio è composto da un neutrone e un protone, quando si fonde nuclearmente con un altro deuterio può generare elio e lasciare libero un neutrone, che è accompagnato da uno o più raggi gamma. La situazione, da un punto di vista scientifico, era quanto meno anomala, ma poteva trovare una spiegazione. Il peggio

11 In merito agli esperimenti di George Russ e Yoshiaki Arata, si veda *New Energy Times*, Issue #32, del 3 luglio 2009: http://newenergytimes.com/v2/news/2009/NET32833xj$.shtml.

invece era il problema tecnico: in pratica la macchina di Russ era come un motore a scoppio, che faceva un solo scoppio, il primo, e poi si fermava. Infatti, la fusione della lastra di metallo bloccava il processo allo stadio iniziale – da qui forse le insufficienti evidenze di elio, neutroni e gamma – e non era possibile produrre un processo continuativo o, almeno, Russ non vi riuscì. Quindi, con questo modello di macchina non sembrava possibile innescare un processo continuo e ciò ne decretò il parziale insuccesso e abbandono. Sebbene gli esperimenti siano continuati alacremente almeno fino al 1998 da parte di Russ ed indipendentemente da parte di Arata[12], tuttavia il campo ormai era pronto per nuovi tentativi e per un nuovo modello: il secondo.

12 Tali ricerche hanno fruttato a Yoshiaki Arata l'Ordine giapponese della Cultura nell'anno 2006.

Capitolo IV

Il secondo modello americano anni 1999-2002

Il secondo tentativo è stato un'impresa notevole. Finanziato negli Stati Uniti dal Ministero della Difesa americano tramite la Defense Advanced Research Projects Agency (DARPA), l'Agenzia per i progetti di ricerca avanzata per la difesa, l'esperimento è stato condotto in due dei principali laboratori nazionali per la ricerca nucleare negli Stati Uniti: i laboratori di Oak Ridge e i laboratori di Los Alamos.

Ad Oak Ridge venne costruita, dal 1943, la prima serie di pile nucleari di Fermi, per la produzione dell'elemento artificiale plutonio a partire dall'uranio, da usare sia come combustibile nucleare, sia come esplosivo per le bombe. È il più antico e blasonato complesso industriale nucleare del mondo, rinomato anche e soprattutto per la produzione di ogni tipo di nuclei e sostanze artificiali, con qualsivoglia grado di purezza.

Los Alamos invece fu il laboratorio in cui vennero progettate e, nel 1945, costruite e sperimentate le prime tre bombe nucleari statunitensi. Successivamente, ha perduto molto del suo carattere di laboratorio militare, sostituito dai laboratori di Livermoore dove vennero costruite, nel 1952, le prime bombe termonucleari statunitensi.

A partire dal 1999, ad Oak Ridge, il fisico indiano Rusi Taleyarkhan, originario di Madras ma stabilitosi negli Stati Uniti, iniziò gli esperimenti che condussero al secondo modello di reattore nucleare a ultrasuoni. Taleyarkhan tentò, con gli ultrasuoni e la cavitazione, di comprimere prima un composto di carbonio e ossigeno (l'acetone), contenete più atomi di deuterio dell'acqua pesante, e poi una miscela liquida di acqua pesante e sostanze radioattive. La macchina fu progettata in modo differente dal primo modello, quello di Russ. Per ottenere la cavitazione, Taleyarkhan fece vibrare con gli ultrasuoni l'intero contenitore del liquido. Purtroppo, questo sistema si è dimostrato altamente instabile e soggetto a rompersi molto facilmente. Comunque gli esperimenti procedettero, sebbene tra molte difficoltà e molti incidenti, o come disse Taleyarkhan, molte "rotture" (della macchina, ovviamente).

L'idea era molto simile a quella di Russ ma ora si voleva produrre il collasso delle bolle, non contro una piastra metallica sul fondo del contenitore, ma direttamente al centro del contenitore e, non più in modo limitato, ma in modo continuativo; in poche parole: un vero e proprio reattore a funzionamento continuo. Il problema era appunto nella scelta del metodo di oscillazione dell'intero contenitore del reattore, le cui pareti non erano in grado di reggere per lunghi periodi le 20.000 oscillazioni al secondo necessarie per generare il fenomeno della cavitazione. Allora, vennero pensate due scorciatoie per permettere al reattore di funzionare in modo efficiente anche in tempi limitati. La prima fu ingegnosa: Taleyarkhan sostituì all'acqua pesante, che contiene due atomi di deuterio, l'acetone deuterato, che contiene sei atomi di deuterio ma produce la cavitazione con circa la stessa frequenza di oscillazione degli ultrasuoni usati per l'acqua. In questo modo, veniva aumentata di tre volte la quantità di deuterio nelle bolle e, quindi, forse, il numero di fusioni tra i nuclei di deuterio compressi nel collasso delle bolle sottoposte a cavitazione. La seconda fu disastrosa, almeno dal punto di vista scientifico, e successivamente produsse una grande quantità di polemiche e controversie che poco giovarono alla causa della scienza. Essa prevedeva un metodo per aumentare il contenuto di deuterio nelle bolle, al limite ultimo di ottenere bolle fatte solo di deuterio, e non di vapori di acetone deuterato. Il metodo consisteva nell'inviare impulsi di neutroni, dall'esterno, dentro il contenitore del reattore; i neutroni davano così la loro energia di movimento in modo privilegiato al deuterio, che è l'elemento più leggero tra gli atomi della molecola di acetone. Il deuterio, quindi, riceveva energia dai neutroni inviati dall'esterno ed evaporava formando bolle di solo gas deuterio, che poi la cavitazione doveva comprimere violentemente fino a produrre l'agognata fusione termonucleare dei nuclei del deuterio stesso, da cui l'energia nucleare sarebbe stata liberata.

Il sistema era ingegnoso, in verità, ma molto complesso

da realizzare, poiché gli impulsi di neutroni dovevano essere sincronizzati con la cavitazione e gli ultrasuoni. Tuttavia, grazie all'alta abilità tecnica dei laboratori militari statunitensi, questo problema venne ragionevolmente risolto[13]. A questo punto, gli esperimenti e le misure, quando la macchina non si rompeva, mostrarono che il reattore produceva energia nucleare sotto forma di neutroni, ma non vi erano rilevazioni sufficientemente chiare della produzione di raggi gamma. La situazione era incerta: infatti, secondo le conoscenze più o meno acquisite e più o meno accettate, almeno da un punto di vista scientifico, la fusione nucleare del deuterio dovrebbe produrre energia nucleare sotto forma di neutroni in movimento – ove l'energia sta proprio nel loro movimento – e raggi gamma, che sono energia sotto forma di onde elettromagnetiche.

I dubbi principali erano relativi a una questione di metodo; l'obiezione naturale era: come si può pensare che un sistema fisico in cui si immettono neutroni possa poi autonomamente produrre nuovi neutroni? Che cosa garantisce che non siano i neutroni immessi ad aver generato i neu-

---

13 Taleyarkhan, R. P. and Kim, S. H. 1998. "Comparison of Predictions Against Thermal Shock Data in Mercury Targets," in *Proceedings of the 2nd International Topical Meeting on Accelerator Applications* (AccApp '98), Gatlinburg, Tennessee, September.
Taleyarkhan, R. P., Moraga, F., and West, C. D. 1998. "Experimental Determination of Cavitation Thresholds in Water and Mercury," in *Proceedings of the 2nd International Topical Meeting on Accelerator Applications* (AccApp '98), Gatlinburg, Tennessee, pp. 650-657, September.
West, C. D., *Cavitation in a Mercury Target*, ORNL/TM-2000/263, Oak Ridge National Laboratory 2000.

troni prodotti, indipendentemente da altre cause, quali che siano (ultrasuoni e cavitazione), se non addirittura che i neutroni immessi siano trattenuti dal materiale del contenitore e rilasciati successivamente, magari proprio per effetto degli ultrasuoni?

La situazione iniziò a farsi imbarazzante e gli esperimenti vennero spostati da Oak Ridge a Los Alamos ma i dubbi, come anche le rotture della macchina, rimasero. La discussione scientifica, tra équipes di studiosi differenti da quella di Taleyarkhan, iniziò a degenerare in polemica, purtroppo anche pubblica, nel senso che le obiezioni vennero rese pubbliche mediante articoli scientifici. L'unico punto di accordo fu che vi erano evidenze della produzione di neutroni differenti da quelli degli impulsi esterni, ma che questi neutroni non sembravano provenire dalla fusione termonucleare; mentre non era chiaro se vi fossero raggi gamma: forse non ve ne erano affatto.

Taleyarkhan continuò i suoi esperimenti sino al 2002 e oltre[14] e, anche se successivamente si trasferì da Oak Ridge all'Università Purdue nell'Indiana, le polemiche continuarono inutilmente a seguire lui e i suoi colleghi e collabo-

---

14 Taleyarkhan, R. et al. (2002), "Evidence for Nuclear Emissions During Acoustic Cavitation", in *Science*, 295/5561, pp. 1868-1873; Taleyarkhan, R. et al. (2004), "Additional evidence of nuclear emissions during acoustic cavitation", in *Physical Review*, 69, 036109; Taleyarkhan, R. et al. (2005), "Erratum: Additional evidence of nuclear emissions during acoustic cavitation", in *Physical Review*, 71, 019901; Taleyarkhan, R. et al. (2006), "Nuclear Emissions During Self-Nucleated Acoustic Cavitation", in *Physical Review Letters*, 96, 034301; Taleyarkhan, R. et al. (2006), "A Reply to the Comment by Andrei G. Lipson", in *Physical Review Letters*, 97, 149402.

ratori. Alla fine sono risultate sterili, poiché non hanno prodotto un serio dibattito o, meglio, una seria discussione scientifica ma solo una serie di petizioni di principio, tra chi misura negli esperimenti e chi calcola in teoria.

Il problema è più grave di quello che sembri a prima vista e va ben al di là del solito contrasto tra teoria e pratica. Infatti, se tutti partono da un'idea comune e comunemente accettata – in questo caso la fusione termonucleare del deuterio – poi gli sperimentatori cercano di inquadrare, magari di adattare, le misure alle predizioni teoriche del fenomeno, per conformarsi all'idea comune. Viceversa, gli analisti dei risultati, che si confrontano con la teoria, non ritengono di poter considerare fenomeni differenti da quelli previsti e predetti dall'idea comune. La situazione porta a uno stallo, tale che o ci si prende una pausa di riflessione tutti insieme, o si precipita tutti insieme in una polemica sterile. Quest'ultimo caso è quanto accaduto con Taleyarkhan. Tuttavia, il secondo modello statunitense di reattore piezonucleare ha ragionevolmente fatto scuola, eliminando l'uso della piastra metallica del primo modello e introducendo l'idea della cavitazione al centro e non nel fondo del contenitore il quale, a questo punto, si può a buon diritto chiamare "camera di reazione". L'unione del sistema oscillante, con la camera di reazione che vibrava anch'essa, si è invece dimostrato un metodo poco pratico, se non addirittura sbagliato, dal punto di vista tecnico e scientifico. Nei successivi esperimenti condotti all'Università Purdue, Taleyarkhan decise finalmente di rinunciare agli impulsi di neutroni dall'esterno e, in più, di cambiare liquido tornando all'acqua pesante. Purtroppo, non riuscì a rinunciare alle radiazioni per catalizzare la produzione delle bolle e mescolò all'acqua un composto di uranio radioattivo, il nitrato di uranile[15], scatenando successivamente le solite polemiche sterili, ma questa volta più violente, col noto risultato che dalle polemiche tra scienziati ci rimette solo la scienza. La domanda stavolta era: come si può pensare che venga prodotta energia nucleare con gli ultrasuoni, se comunque si utilizza l'uranio? Magari, ricordando gli esperimenti dimenticati di Diebner e Gerlach, Taleyarkhan aveva prodotto cariche cave nucleari microscopiche e ibride uranio-acqua pesante, come le bombe tedesche della Seconda Guerra Mondiale. Continuò, per altro, a rimanere l'incognita dei raggi gamma, che non era chiaro se venissero o meno prodotti ed eventualmente in che entità; rimase una sorta di mistero irrisolto che continuò ad aleggiare su tutti gli esperimenti.

Alla fine, tutti questi esperimenti terminarono con una sola domanda: se la pressione – sotto forma di onda di pressione, onda d'urto o collasso da cavitazione – possa o meno produrre o catalizzare reazioni nucleari. E se la risposta è sì, di che tipo di reazioni si tratta? Note o nuove?

15 *Ibidem.*

Capitolo V

La via italiana alle reazioni piezonucleari anni 2003-2004

In Italia, gli studi sulle reazioni piezonucleari procedettero secondo la tradizione della cultura classica italiana, ossia per via rigorosamente deduttiva, al contrario della via anglosassone euristica e diversamente da quella che era stata la via tedesca empirica. In più, si aggiunse la visione di una concezione rigorosamente geometrica dei fenomeni naturali; visione che non era deduttiva, come quella di Albert Einstein, bensì induttiva, ossia dettata dai fenomeni stessi, piuttosto che imposta alla rappresentazione dei fenomeni naturali. Si trattava di un modo di considerare i fenomeni molto pratico, che univa al rigore della deduzione l'elasticità dell'induzione, prima di passare all'esperimento. Ossia pensare prima di agire, ma pensare senza troppi pregiudizi o preconcetti, convinti che, purtroppo, la logica della natura non è logica umana, altrimenti la scienza sarebbe veramente molto facile, forse anche troppo.

Gli studi teorici che precedettero gli esperimenti furono lungamente dibattuti da vari studiosi di alcune università e istituzioni scientifiche italiane, in particolare le Università di Roma "La Sapienza", Roma Tre, L'Aquila, Perugia, Messina e Torino, insieme alla massima istituzione scientifica italiana, ossia il Consiglio Nazionale delle Ricerche (CNR). Vi furono poi i contributi di colleghi afferenti a istituzioni estere, quali l'Università di Danzica, in Polonia, il laboratorio europeo di ricerche nucleari (CERN) di Ginevra, in Svizzera, le Università del Maryland, di Harvard e il Politecnico di Boston (MIT), negli Stati Uniti.

L'idea di partenza era che lo spazio attorno ai nuclei atomici non fosse piatto come un foglio di carta posato su un tavolo, ma che fosse possibile, per le forze nucleari, deformare lo spazio microscopicamente, almeno entro certi limiti. Questo spazio deformato microscopicamente avrebbe reso ragione delle reazioni nucleari indotte o catalizzate dalla pressione, e non solo di quelle note, bensì avrebbe aperto la via anche a nuove possibili reazioni.

Lo spazio deformato attorno ai nuclei atomici era pensato analogamente a quello che avviene attorno al Sole con la forza di gravità, la quale deforma lo spazio macroscopicamente, costringendo la luce delle stelle a seguire traiettorie curve e non più rettilinee, proprio come avviene per esempio alle comete. Ovviamente, ci si accorse che questa deformazione microscopica non era facile né comune, ma si poteva realizzare solo sotto precise condizioni fortemente vincolate all'energia delle due forze nucleari, che sono: la radioattività, responsabile dell'instabilità dei nuclei, e la forza nucleare propriamente detta, responsabile dell'esistenza stessa dei nuclei. In particolare, venne scoperto che ciascuna delle due forze deformava lo spazio a modo suo, per cui si era obbligati a seguirle separatamente. Lo studio si concentrò quindi sulla forza nucleare e nel giro di alcuni anni si comprese che la sua deformazione dello spazio era legata a una soglia di energia molto precisa, ma anche molto alta. Per cui sarebbe stato necessario concentrare energia in tempi brevi e in spazi piccoli, per superare tale soglia e accedere a questo nuovo spazio deformato, al fine di esplorare quali reazioni e trasformazioni divenissero possibili.

Si può vedere cosa significhi uno spazio deformato, rispetto allo spazio piatto del foglio di carta sul tavolo a cui siamo abituati, mediante un semplice esempio. Prendiamo un foglio di carta bianca, che di solito è rettangolare, tagliamolo con le forbici, seguendo una diagonale del rettangolo, e otteniamo due triangoli rettangoli. Poggiamo un triangolo sul tavolo, dove resterà piatto, ovviamente, mentre l'altro lo accartocciamo in mano. A questo punto abbiamo due possibilità teoriche. La prima, lasciamo il triangolo accartocciato sul tavolo, e vediamo che è diventato come una sfera irregolare piena di pieghe interne. Oppure la seconda, lo distendiamo sul tavolo cercando di farlo tornare piatto con la pressione delle mani ma senza riuscirci del tutto, perché il triangolo resterà gualcito e spiegazzato. In entrambi i casi abbiamo qualcosa di differente dal triangolo bello piatto sul tavolo. Ora facciamo cadere lentamente delle piccole gocce d'acqua sui triangoli, o sul triangolo e sulla sfera accartocciata. Sul triangolo rimasto piatto non ci sono problemi, le gocce bagneranno il foglio, resteranno sul luogo dove cadono e formeranno macchie di bagnato circolari. Sul triangolo spiegazzato le gocce scivoleranno lungo le pieghe, non resteranno sul luogo dove cadono, alcune si separeranno sulle creste delle pieghe, formando gocce più piccole, altre si uniranno in fondo alle pieghe, formando gocce più grandi. Sulla sfera accartocciata la situazione può diventare complicata: alcune gocce rimbalzeranno sulle pieghe della sfera e cadranno sul tavolo, altre scivoleranno dentro le pieghe all'interno di questa sfera accartocciata, unendosi e separandosi nelle pieghe stesse. Se vogliamo sapere con esattezza cosa fanno le gocce nel triangolo spiegazzato o nella sfera accartocciata, dobbiamo vedere la distanza che percorrono. Sul triangolo piatto è facile, le gocce sono ferme e la distanza fra di loro può essere calcolata con il teorema di Pitagora, tanto più che sono su un triangolo rettangolo, quindi l'operazione è ancora più facile poiché esso è già predisposto per il calcolo (questa è l'anima degli assi cartesiani). Ma proviamo un po' a fare lo stesso con il triangolo spiegazzato: è difficile dire cosa diventi il teorema di Pitagora in questo caso, ma è matematicamente possibile calcolarlo. Certo è che nella sfera accartocciata è ancora più difficile, ma è sempre matematicamente possibile calcolarlo. Se le gocce sono i nuclei delle reazioni nucleari nello spazio deformato, vediamo che tutto si riduce al problema matematico di scoprire cosa diventi il teorema di Pitagora in questo spazio, rispetto a quello che solitamente applichiamo nello spazio piatto del triangolo usuale. L'applicazione di questi criteri geometrici alle forze nucleari portò a capire che il triangolo spiegazzato corrispondeva allo spazio deformato della radioattività, mentre la sfera accartocciata corrispondeva alla forza nucleare che tiene insieme i nuclei stessi.

I nuclei sono composti di neutroni, neutri e senza carica elettrica, e protoni, che invece sono tutti dotati della stessa carica (positiva) e quindi si respingono, per cui senza la forza nucleare attrattiva i nuclei non esisterebbero. È l'energia di legame della forza nucleare che li tiene uniti, anche se non sempre in modo stabile. Quando l'energia di legame è insufficiente, interviene la radioattività a governare l'instabilità, permettendo al nucleo di emettere radiazioni in successione, trasformandosi progressivamente fino a divenire un nucleo stabile. Inoltre, la somma delle masse dei componenti del nucleo non corrisponde alla massa del nucleo stesso, perché c'è il fenomeno del "difetto di massa", il quale non sempre corrisponde esattamente all'energia di legame. Ciò complica la vita a chi vuole calcolare quanta energia nucleare si possa estrarre dai nuclei. Tutto questo, poi, va bene sul triangolo piatto; va meno bene su quello spiegazzato; ma sulla sfera accartocciata è tutta un'altra cosa. Quindi, bisognava superare questa benedetta soglia, per vedere cosa sarebbe successo nello spazio deformato della sfera accartocciata.

Divenne subito evidente che un esempio di tale sfera poteva essere il collasso delle bolle dovuto alla cavitazione: ora la visione era più chiara, anche se più complessa. In precedenza, gli esperimenti erano stati pensati come se la cavitazione trasformasse il collasso delle bolle in tante cariche cave nucleari microscopiche. Adesso, sappiamo che non è così e che questa è solo una semplice visione superficiale. Se così fosse stato, sarebbe bastato accendere il generatore di ultrasuoni e subito si sarebbe assistito alla liberazione dell'energia nucleare, per esempio mediante la produzione di neutroni. Invece, gli esperimenti statunitensi, sia col primo sia col secondo modello di macchina, avevano in comune una cosa trascurata praticamente da tutti: una sorta di tempo di accumulazione, che nel caso del secondo modello era stato confuso e oscurato, prima dall'uso degli impulsi di neutroni esterni, e poi dall'uso dell'uranio.

In realtà, la cavitazione è solo un mezzo per concentrare energia sufficiente a superare la soglia di deformazione dello spazio (per non parlare del tempo), attorno ai nuclei atomici. Per concentrare l'energia non è importante quanto grande sia la quantità di energia che si concentra, ma quanto piccolo sia il tempo in cui si concentra, e quanto lunga sia la durata dell'intervallo di tempo in cui tale concentrazione viene ripetuta più e più volte. In pratica, serve la velocità con cui si muove l'energia e per quanto tempo tale velocità possa essere mantenuta. La velocità dell'energia non è altro che la potenza (per intendersi, il watt o il suo multiplo, il chilowatt). Poi è fondamentale sapere per quanto a lungo si possa applicare questa potenza a qualche cosa.

Tutto questo fu riassunto in un volume[16], pubblicato nel 2004 da una delle maggiori case editrici scientifiche internazionali, l'americana World Scientific, che addirittura, caso eccezionale, ne richiese la pubblicazione di sua iniziativa senza alcuna proposta da parte degli autori.

A questo punto era chiaro, dalla teoria, cosa fosse necessario fare, ma restavano due problemi da risolvere, ovvi ma fondamentali: a quale sostanza o elemento applicare la potenza mediante ultrasuoni? E qual è la struttura migliore per la macchina a ultrasuoni? Ciascuno di questi due problemi è molto complesso e articolato, per cui vanno esaminati in dettaglio.

Il primo problema era fondamentale, poiché la scelta dell'elemento e della sua forma chimica determinavano la sostanza da usare, e la sostanza a sua volta influenzava la scelta del materiale del contenitore. L'elemento doveva essere tale da potervi applicare gli ultrasuoni alla massima potenza tecnicamente realizzabile, per la durata di tempo minore possibile, prima di superare la soglia di deformazione dello spazio attorno ai nuclei dell'elemento stesso, cosa che avrebbe portato a innescare le reazioni piezonucleari con conseguente liberazione di energia nucleare. La teoria aggiunse alcuni dettagli essenziali, dei quali tener conto prima di passare alla scelta dell'elemento. Innanzitutto, la soglia di deformazione dipendeva da ciascun elemento e, in particolare, dall'energia di legame di ciascun nucleo: se il

16 Cardone, F. - Mignani, R. (2004), *Energy and Geometry. An Introduction to Deformed Special Relativity*, World Scientific Publishing, Hackensack (NJ).

nucleo fosse stato di un elemento radioattivo oppure inerte, leggero come il deuterio oppure pesante come l'uranio, ciò avrebbe determinato la maggiore o minore durata di applicazione degli ultrasuoni e, quindi, avrebbe influenzato la necessaria resistenza della macchina. In secondo luogo, l'energia nucleare si sarebbe dovuta liberare sotto forma di neutroni in movimento, la cui emissione però poteva essere discontinua – ossia a impulsi variabili nel tempo – per intensità e direzione e questo avrebbe creato problemi alla rilevazione necessaria per stabilirne, in un secondo tempo, l'uso più conveniente per scopi industriali. Infine, non vi sarebbero dovuti essere raggi gamma, poiché la loro energia sarebbe servita a mantenere la deformazione che permetteva la reazione piezonucleare. Superata la famigerata soglia, i neutroni sarebbero usciti senza essere accompagnati da raggi gamma, la cui energia sarebbe rimasta intrappolata nella deformazione, come nelle famose pieghe della sfera accartocciata. Quest'ultimo fatto è facilmente comprensibile, poiché, riprendendo sempre l'esempio del triangolo di carta accartocciato in una sfera, l'energia delle mani che lo accartocciano deve pur rimanere da qualche parte ed è appunto nelle pieghe, che danno al triangolo la forma apparente di sfera, il luogo in cui essa rimane intrappolata.

Passiamo ora al secondo problema fondamentale: la struttura migliore per la macchina a ultrasuoni. Scartati il primo e il secondo modello americani, perché manifestamente inadatti, fu necessario considerare le limitazioni imposte dalla tecnologia disponibile sul mercato. Infatti, la migliore macchina sperimentale, che per giunta era stata realizzata proprio in Italia all'Università di Perugia, aveva un sistema di raffreddamento a liquido, talmente ingombrante e delicato da usare, da renderla intrasportabile; inoltre, la sua potenza non sembrava essere sufficiente. Ci voleva una macchina nuova ma che per praticità fosse il risultato della modifica di oggetti commercialmente disponibili, con parti elettriche e meccaniche resistenti e ben collaudate. Prima di tutto, ci voleva un buon progetto concettuale dei suoi costituenti principali. La macchina doveva essere un generatore di tensione elettrica in grado di produrre, in un'opportuna colonna di materiali piezoelettrici, 20.000 oscillazioni al secondo. Queste oscillazioni meccaniche dovevano essere trasferite a un amplificatore di acciaio che, a sua volta, le avrebbe trasferite a un sonotrodo tronco-conico, anch'esso di acciaio, la cui punta liberava gli ultrasuoni.

Il sonotrodo è così chiamato poiché libera il suono, in analogia con l'elettrodo che invece libera l'elettricità. Gli ultrasuoni dovevano essere liberati all'interno di una camera di reazione, di forma e dimensioni opportune, in modo che la punta occupasse il centro del volume della camera, per rendere massimo l'effetto di concentrazione dell'energia prodotta con gli ultrasuoni. Gli ultrasuoni, poi, dovevano generare la cavitazione nel liquido reattivo, contenuto nella camera in quantità opportuna rispetto al volume utile, al netto del volume occupato dalla punta del sonotrodo.

Il concetto tecnico nuovo era proprio questo: il sonotrodo e la sua punta dovevano essere separati e distinti dalla camera di reazione contenente il liquido reattivo: la punta vibrava ma la camera no, doveva rimanere ferma. Il tutto avveniva a pressione atmosferica e a temperatura ambiente, anche se poi durante il tempo di funzionamento vi sarebbe stato un riscaldamento dovuto alle vibrazioni meccaniche. Ora, rimaneva da scegliere l'elemento da cui tutto poteva dipendere e tale scelta doveva tener conto della teoria dello spazio deformato. Questo era l'ultimo passo prima di iniziare gli esperimenti, ma era anche il più importante.

Sin dal 1939 è stata stilata, e poi sempre più perfezionata, la tavola periodica dei nuclei atomici, secondo il criterio della massa del nucleo – data dal numero dei suoi componenti – e dell'energia di legame specifica (o energia di legame per componente), ottenuta dividendo l'energia di legame del nucleo per il numero dei suoi componenti.

Tutti i nuclei – a partire dal più piccolo, il deuterio, fino al più grande, l'uranio – sono ordinati secondo il valore crescente di questa energia di legame per componente. Tra i due estremi vi è il ferro, che si trova circa a metà tra deuterio e uranio. Il ferro possiede il valore più alto di energia di legame per componente e in più è inerte, cioè non è radioattivo. Per questa sua proprietà – ossia avere l'energia di legame più alta – il ferro è il più svantaggiato per produrre energia nucleare e anche il meno incline a farlo. Scherzando, si può dire impropriamente che il suo nucleo è "duro come il ferro" e, quindi, sarebbe l'elemento meno adatto da considerare, almeno secondo il normale buon senso, come avrebbe detto Fermi.

Tutto questo in condizioni normali, ossia di spazio piatto. Viceversa, nello spazio deformato delle forze nucleari, il ferro si trova invece in posizione avvantaggiata. Infatti, se vi è una soglia di energia da raggiungere, che sia al di sopra di tutte le energie di legame, il nucleo con l'energia più alta è quello più vicino, quello che a parità di potenza fornita la supera per primo tra gli altri nuclei e, cosa più importante, nel minor tempo. Si tratta di un ragionamento di estrema semplicità ed eleganza, che riassume una serie di ragionamenti e calcoli alquanto complessi, ed è dovuto al fisico italiano Walter Perconti.

A questo punto, tutto era pronto: vi era una teoria compiuta e completa che formulava predizioni precise, quali la produzione di neutroni in assenza di raggi gamma, e permetteva con chiarezza di identificare l'elemento da sottoporre alla cavitazione mediante ultrasuoni, ossia il ferro. Certo è che tutto questo si presentava come un'impresa di un'audacia inaudita.

Ora la scena era pronta per il dramma dell'esperimento. Difatti, l'esperimento null'altro è che un'operazione rivolta alla conoscenza di una verità ignota, che è anche un rischio. Per questo è un dramma: non solo per le idee e il denaro impiegati, ma anche per le persone intese fisicamente. Nulla nei fatti poteva garantire che le reazioni piezonucleari, una volta scatenate, non divenissero divergenti, mettendo a rischio l'incolumità di chi le aveva scatenate, e tantomeno si sapeva se fosse possibile controllarle. Soltanto i calcoli teorici indicavano che i pericoli potevano essere evitati.

Restava comunque un atto di fiduciosa speranza confidare nell'esattezza dei calcoli e, in fondo, in chi li aveva eseguiti, che comunque rimase presente in tutti gli esperimenti a rischiare in prima persona, come un buon soldato; e di soldati, infatti, ci sarebbe stato bisogno.

Capitolo VI

Gli esperimenti italiani anni 2005-2009

Gli esperimenti italiani scaturirono da una collaborazione tra Consiglio Nazionale delle Ricerche (CNR) e Forze Armate, nel contesto di un accordo quadro stipulato nel 2004 dal Ministro della Ricerca Letizia Moratti e dal Ministro della Difesa Antonio Martino allora in carica. A questi esperimenti, dalla fine del 2005, si aggregò come osservatore, con sempre maggior interesse e impegno, la neo ricostituita Ansaldo Nucleare, per volontà del suo primo presidente Ing. Francesco Mazzuca[17].

Inizialmente, gli accordi di collaborazione vennero stipulati dall'allora direttore dell'Istituto per lo Studio dei Materiali Nanostrutturati (ISMN-CNR) Sesto Viticoli e dal Comandante in carica del 4° Reggimento Sostegno Aviazione dell'Esercito (AV.ES.) "Scorpione" Colonnello Antonio Aracu; in un secondo momento, intervenne personalmente il presidente del CNR prof. Fabio Pistella.

---

17 Successivamente Commissario Governativo della Società Gestione Impianti Nucleari (SOGIN) di proprietà dello Stato Italiano.

Il progetto della macchina a ultrasuoni fu eseguito da Fabio Cardone e dall'ufficiale del Corpo Tecnico l'ingegnere Felice Contalbo. La costruzione della macchina venne diretta personalmente dal Comandante Antonio Aracu, che introdusse una serie di accorgimenti tecnici fondamentali, i quali risultarono particolarmente utili in sede di esperimenti, motivo per cui la macchina venne affettuosamente chiamata da chi la usava "macchina di Aracu" (fig. 1, 2, 3). Il generatore di ultrasuoni con la colonna di piezoelettrici vibranti vennero acquistati presso l'industria tedesca Sonotronic e, successivamente, furono collaudati presso un'officina meccanica di Milano.

Nel progetto ci furono una serie di problemi che, purtroppo, dovettero essere risolti simultaneamente, in modo armonico, e non in successione: era una situazione fantastica, in cui i progettisti si sentivano un po' come Alice – il personaggio delle fiabe di Lewis Carroll – che entra nel paese delle meraviglie, dove "tutto quello che non è sarebbe e tutto quello che è non sarebbe".

Si trattava, infatti, di indurre il ferro a emettere energia nucleare e a farlo addirittura con gli ultrasuoni ed entro un tempo ragionevole di minuti o al più di decine di minuti. Per comprendere l'enormità della cosa, si consideri il fatto che gli ultrasuoni agiscono sugli atomi che sono centomila volte più grandi del loro nucleo, e che il nucleo ha un'energia centomila volte più grande del suo atomo, da cui l'enorme disparità tra l'energia nucleare e quella chimica. Era come se avessimo usato una leva di Archimede di terzo tipo, ossia "svantaggiosa", con il braccio della resistenza centomila volte più grande del braccio della potenza, e in più con la resistenza centomila volte più grande della potenza. In parole povere, usando tale leva, avremmo dovuto sollevare, con la gravità, un chilo con il peso di un centigrammo, ma questo almeno nello spazio piatto. L'idea di fondo era che, nello spazio deformato, essendo semplicemente cambiata la geometria delle cose, si potesse cambiare il punto di appoggio, aggirando Archimede e trasformando la leva in vantaggiosa.

La macchina, che fu chiamata ufficialmente "cavitatore", venne realizzata e collaudata dalle Forze Armate nel 2005: i suoi due punti di forza erano la separazione del sonotrodo, rispetto alla camera di reazione, e il sistema di raffreddamento. Infatti, gli ingegneri militari scartarono molto presto l'idea di usare un raffreddamento a liquido, come il modello sperimentale di Perugia, e si rivolsero a progettare un sistema di raffreddamento ad aria forzata, di concezione completamente nuova (fig. 3). L'importanza dell'impianto di raffreddamento è dovuta alla necessità di abbinare sonotrodo e camera di cavitazione, secondo proporzioni geometriche molto precise, che vengono alterate dalla dilatazione termica, causata dal riscaldamento delle vibrazioni che producono gli ultrasuoni. Pertanto, l'impianto di raffreddamento impedisce che la dilatazione termica alteri la geometria del sonotrodo, rispetto alla camera di reazione. Questo permette il corretto funzionamento della macchina senza limiti di tempo e, quindi, consente di superare il tempo di attesa causato dall'inerzia del fenomeno, a seguito del superamento della soglia di energia dello spazio deformato nucleare. La macchina "cavitatore", unitamente alla sua camera di reazione, venne provata e raggiunse la potenza di 100 watt di ultrasuoni, trasferiti al centro della camera. Questa potenza corrispondeva a un'ampiezza di oscillazione della punta di 30 micron (milionesimi di metro), alla frequenza di 20.000 oscillazioni al secondo. A questo punto, venne scelto il volume definitivo – che fu di 300 millilitri – e il tempo di applicazione degli ultrasuoni, che fu di 90 minuti. Ora, rimaneva da scegliere la sostanza: si optò per l'acqua distillata come sostanza di riferimento per la cavitazione. Gli elementi da mettere alla prova furono posti in ordine crescente di massa e di energia nucleare per componente del nucleo, e furono: il litio, l'alluminio e il ferro. L'alluminio fu scelto poiché è a metà via tra il litio e il ferro.

Ci si attendeva che il litio e l'alluminio non dessero neutroni entro 90 minuti, mentre li avrebbe dovuti dare il ferro. Le sostanze chimiche scelte furono il cloruro di litio, il cloruro di alluminio, il cloruro di ferro e il nitrato di ferro, sempre per un volume di 300 millilitri, corrispondente a una massa di circa 300 grammi, e sempre allo stato liquido. Infine, tra le tante decisioni difficili, guidate dai calcoli di una teoria comunque tutta da dimostrare, la più difficile e l'ultima fu la scelta dei rivelatori di neutroni. Mentre era abbastanza facile la scelta dei rivelatori di radiazioni ionizzanti – sia per le radiazioni con carica elettrica alfa e beta, sia per le radiazioni elettromagnetiche d'alta energia gamma – scegliere i rivelatori di neutroni richiese uno studio a parte. Esaminato il mercato, la conclusione fu che bisognava usare quanto di meglio vi fosse nel campo di tali rivelatori, ossia i rivelatori[18] termodinamici prodotti dalla ditta canadese BTI, che permettevano di "vedere" l'energia nucleare sotto forma di neutroni. In questi rivelatori, l'energia dei neutroni metteva in ebollizione gocce di un idrocarburo aromatico, immerso in una gelatina, in grado di "bloccare le bolle" e renderle visibili e fotografabili (fig. 4), nonché contabili in modo da poter misurare, attraverso il loro numero, l'energia rilasciata dai neutroni. La spesa era notevole ma le Forze Armate l'affrontarono con coraggio. Non contenti di ciò, nel 2006, venne deciso di usare, insieme ai termodinamici, anche lastre fotografiche di policarbonato (PADC, poliallil-diglicol-carbonato), denominate CR39, ma corrette al boro, per consentire un ulteriore riscontro fotografico con cui "vedere" – attraverso un altro metodo – l'energia rilasciata dai neutroni prodotti (fig. 5). Infine, nel 2007, venne deciso di affiancare ai termodinamici anche un rivelatore elettronico al trifloruro di boro, per poter registrare elettronicamente, e riportarle in un grafico, le emissioni di impulsi dei neutroni al passare del tempo, in modo che si avesse una sorta di "video" sia dell'energia rilasciata, sia del numero di neutroni che la rilasciavano, durante tutti i 90 minuti di funzionamento della macchina (fig. 6).

---

18 Nelle pagine seguenti i rivelatori termodinamici sono abbreviati col nome termodinamici.

La sequenza cronologica degli esperimenti fu la seguente.

Nel 2005, gli esperimenti vennero eseguiti nel laboratorio presso il 4° Reggimento "Scorpione" (mostrato nella fig. 1) e vennero messi alla prova sia gli elementi inerti, sia un elemento radioattivo. Nell'ordine degli esperimenti, vennero utilizzati il ferro, l'alluminio, il litio e il torio. Ferro, alluminio e litio erano necessari per verificare il tempo di inerzia prima dell'emissione di neutroni e il fatto che il ferro potesse emettere neutroni; il torio serviva da contraltare per verificare il comportamento di un elemento radioattivo rispetto agli elementi inerti.

I risultati furono sorprendenti e stupefacenti al tempo stesso, almeno per chi vi partecipò e li vide sotto i propri occhi. Primo esperimento: primo successo. La macchina funzionò correttamente e dopo 50-60 minuti di ultrasuoni i rivelatori termodinamici iniziarono a registrare segnali significativi, fino allo scadere dei 90 minuti. I controlli incrociati con differenti rivelatori, in differenti condizioni, confermarono che si trattava effettivamente di segnali prodotti da neutroni (un esempio è mostrato in fig. 4). Inoltre, non vennero registrate radiazioni alfa e beta al di fuori della camera di reazione, né durante i 90 minuti di ultrasuoni, né dopo a macchina spenta. La conferma definitiva arrivò dall'assenza di radiazioni gamma in tutte le condizioni. Gli esperimenti con il litio e l'alluminio diedero risultato negativo: entro i 90 minuti di ultrasuoni, niente neutroni alfa, beta o gamma. Per ulteriore conferma, vennero ripetuti gli esperimenti sia con il cloruro di ferro, sia con il nitrato di ferro, senza che i risultati della produzione di neutroni variassero. Questo confermò che la forma chimica non influenzava la produzione di neutroni, ma solo la presenza dell'elemento ferro era determinante. Infine, sempre usando il ferro, venne aumentato il volume che fu portato a 500 millilitri e l'emissione di neutroni questa volta si ebbe dopo un tempo più lungo di 60 minuti: fu necessario attendere 90 minuti per avere emissioni di neutroni tra i 90 e i 120 minuti. Questo confermò definitivamente l'esistenza di un'inerzia, e quindi di un tempo di attesa, nel processo di produzione delle reazioni piezonucleari mediante ultrasuoni e cavitazione. Infatti per volume maggiore, e quindi con massa maggiore, era stato necessario un tempo maggiore.

Gli esperimenti con il torio furono molto delicati e lunghi, poiché richiesero l'uso di lastre fotografiche per misurare in modo incontrovertibile se vi fossero variazioni nel numero delle radiazioni alfa prodotte dal torio, con o senza ultrasuoni, e poi misurare con delicate analisi di spettrometria se il contenuto di torio fosse variato.

Nel 2006, gli esperimenti vennero eseguiti nei laboratori del CNR a Roma (fig. 2). Tutti coloro che avevano partecipato agli esperimenti del 2005, insieme ai nuovi colleghi, erano fieri di appartenere ad un laboratorio cristiano a maggioranza cattolica; pertanto, consapevoli dei rischi corsi e da correre, chiesero la benedizione del laboratorio, che fu impartita da Monsignor Nicola Giampietro nel marzo

2006 (vedasi la preghiera della scienza e la benedizione del laboratorio a chiusura di questo capitolo).

Gli esperimenti del 2006 avevano lo scopo di verificare la completa ripetibilità del fenomeno e la possibilità di controllare la produzione di neutroni variando il rapporto geometrico tra la punta del sonotrodo e la camera di reazione; nonché per confermare la costante assenza di radiazioni alfa, beta e gamma durante il processo. Tutti questi risultati vennero raggiunti e, insieme ai risultati del 2005, sono ampiamente illustrati nel volume *Deformed Spacetime*[19], che fu pubblicato nel 2007 dopo che nel 2006 il CNR aveva depositato i suoi brevetti (vedasi Appendice A).

È sorprendente come anche questo volume sia stato pubblicato su esplicita richiesta della casa editrice, che per giunta è anche la più prestigiosa in Europa in campo scientifico, la tedesca Springer. È anche buffo il caso che ha voluto la macchina acquistata in Germania e il libro degli esperimenti pubblicato sempre in Germania, senza che ciò fosse in alcun modo intenzionale. Scherzando si potrebbe dire che non c'è nulla di meglio della tecnica tedesca unita all'arte inventiva italiana.

Tornando agli esperimenti, particolare cura venne prestata alla misura della radiazione gamma che fu ripetuta da Enrico Bernieri, con il tecnico Vittorio Bidoli, usando

---

19 Cardone, F. - Mignani, R. (2007), *Deformed Spacetime*, Springer Verlag, Berlino - New York.

uno spettrometro con cristallo di ioduro di sodio e tallio. Durante il funzionamento della macchina, anche questo strumento confermò l'assenza di raggi gamma, sebbene vi fosse evidenza di neutroni, misurati dai rivelatori termodinamici a bolle. A questo punto, l'allora presidente del CNR Fabio Pistella, fisico nucleare di vasta esperienza sui reattori a uranio, dopo aver personalmente supervisionato i risultati, intervenne progettando un esperimento di confronto tra la produzione di neutroni con gli ultrasuoni e la produzione di neutroni in uno dei reattori nucleari a uranio, in funzione presso i laboratori dell'ENEA di Roma-Casaccia. Insieme al fisico e ingegnere Andrea Petrucci, stilarono e organizzarono il programma di misure mediante l'uso di lastre fotografiche al boro. I risultati diedero per la prima volta una misura comparativa della produzione di neutroni con ultrasuoni, rispetto a una sorgente nota di neutroni per uso industriale[20].

Nel 2007, l'Ansaldo Nucleare di concerto con il Dipartimento Progettazione Molecolare del CNR – responsabile dei brevetti – chiese e ottenne l'esecuzione di ulteriori esperimenti presso i laboratori del Centro Tecnico Logistico Interforze - Nucleare Batteriologico Chimico delle Forze Armate (CETLI-NBC), con l'uso di un rivelatore elettronico di neutroni fornito dall'ARPA (Agenzia Regionale per la Prevenzione Ambientale), sotto la supervisione del Prof. Giovanni Cherubini. Tutti gli esperimenti avvennero

20 Cardone, F. - Cherubini, G. - Petrucci, A. (2009), "Piezonuclear neutrons", in *Physics Letters A*, 373/8-9, pp. 862-866. Vedi Appendice B.

alla presenza del Generale di Brigata Ing. Giacinto Costantini, già studente di Cherubini, all'epoca Direttore del CETLI-NBC.

Tali misure permisero di mettere definitivamente in mostra, in modo inequivocabile, l'emissione a impulsi di neutroni (fig. 6), cosa che era già chiara in forma implicita nelle foto del 2006 (fig. 5). Ancora una volta, fu confermata l'assenza di radiazioni alfa, beta e gamma, che vennero misurate separatamente, mediante differenti strumenti, da Cherubini e dall'allora Tenente Marco Cesare Garau con l'Ing. Luigi Stefani, entrambi tecnici del CETLI-NBC.

Contemporaneamente a tutti questi esperimenti, condotti in collaborazione tra CNR e Forze Armate, anche l'Istituto Nazionale di Fisica Nucleare (INFN) aveva iniziato un suo programma indipendente di esperimenti, in collaborazione con l'Istituto Elettrotecnico Nazionale "Galileo Ferraris" (IEN), ora Istituto Nazionale di Ricerca Metrologica (INRIM) di Torino. In questi esperimenti, venne deciso di realizzare la macchina a ultrasuoni seguendo il secondo modello americano e di impiegare sostanze con deuterio insieme a sostanze radioattive. La costruzione della macchina iniziò nel 2006 e terminò nel 2007, quando poi venne provata a Milano. Sfortunatamente, fino a tutto il 2007 questo programma non ha ottenuto risultati, tranne il constatare l'estrema delicatezza e fragilità delle macchine costruite, esattamente come nel secondo modello americano. Tali macchine, infatti, sono inclini a rompersi in vari pezzi durante il funzionamento e difficilmente possono andare a pieno regime per ore; non è neanche noto se possano raggiungere potenze di 100 watt di ultrasuoni da trasferire all'interno della camera di reazione, la quale è sottoposta per intero alle vibrazioni ultrasoniche.

Nel 2008, iniziò un nuovo capitolo dell'avventura italiana nelle reazioni piezonucleari: quello dei materiali solidi. Se cavitando un liquido con la pressione degli ultrasuoni si erano ottenute reazioni piezonucleari, allora fratturando in modo opportuno un solido con la pura pressione meccanica, si dovevano ottenere ugualmente reazioni piezonucleari con emissione di neutroni. Ovviamente, i solidi da comprimere sino a frattura dovevano contenere ferro, come i liquidi sottoposti a cavitazione. Ma quale tipo di frattura era la più adatta? Dopo un attento esame, venne scelta la frattura di tipo catastrofico, in termini specifici la "frattura fragile", ovvero quella in cui un materiale solido compresso si spacca repentinamente in una sorta di scoppio. Il problema da affrontare era di tipo prevalentemente tecnico, e del tutto nuovo, e venne affrontato nel Politecnico di Torino dagli ingegneri Alberto Carpinteri, Giuseppe Lacidogna e Amedeo Manuello.

Anche questa volta, i risultati furono sorprendenti: primo esperimento, primo successo. Vennero compressi due tipi di materiali: il granito, contenente ferro, e il marmo, del tipo senza ferro. Il granito sotto pressione si frattura in modo catastrofico o "fragile", appunto. Il marmo invece si frattura in modo non catastrofico, la sua frattura infatti è detta duttile. I rivelatori di neutroni impiegati furono i ben collaudati termodinamici, abbinati a un rivelatore elettronico contenete gas elio-3.

La frattura del granito diede luogo a chiari segnali di neutroni in entrambi i tipi di rivelatori, quella del marmo no, esattamente come ci si aspettava[21]. In particolare, le misure con il rivelatore a elio-3 mostrarono che vi erano singoli picchi di neutroni all'atto della frattura, quando la forza che comprime il materiale crolla (si veda fig. 9). È interessante notare come i picchi della figura 9 ricordino molto quelli della figura 6.

Se la cavitazione dei liquidi, indotta da ultrasuoni, quando produce neutroni può sembrare stupefacente, produrre neutroni con la frattura dei solidi appare certamente sconvolgente. Il fatto, data la sua rilevanza, venne presentato a dicembre 2008 presso l'Accademia delle Scienze di Torino e, nel giugno 2009, alla Conference & Exposition on Experimental and Applied Mechanics (SEM) di Albuquerque (Nuovo Messico), negli Stati Uniti.

Se con i liquidi la teoria era una ragionevole guida sicura, ora, con il fatto sorprendente dei solidi, si entrava in una sorta di terra incognita. Ma l'evento più notevole, quasi eccezionale, riguardò una ditta di Milano, piccola ma ad alto contenuto tecnologico, che già nel 2005 aveva collaborato con il 4° Reggimento "Scorpione", fornendo i

---

21 Cardone, F. - Carpinteri, A. - Lacidogna, G. (2009), "Piezonuclear neutrons from fracturing of inert solids", in *Physics Letters A*, 373/45, pp. 4158-4163. Vedi Appendice B.

"La trasfigurazione di nostro Signore Gesù Cristo" (1518-20), particolare. Olio su pannello di Raffaello Sanzio

Preghiera della Scienza
Benedizione del laboratorio

Dio Padre onnipotente Creatore del Cielo e della Terra, per il quale l'Universo riceve esistenza, energia e vita, concedi lo spirito di scienza per intendere l'armonia del creato e il dono dell'invenzione per raffigurare le leggi del creato.

Tutte le cose a noi divenute note in questo luogo e in questo tempo, per grazia della Divina Provvidenza, siano conosciute perché sia fatta non la nostra ma la tua Divina Volontà.

Per tutte le cose a noi rimaste ignote, ti preghiamo, Padre celeste, concedi la virtù della pazienza di sopportare l'ignoranza nell'attesa della tua visione.

Benedici, Padre del creato questo luogo e questi strumenti e noi tuoi umili servi che qui sosteniamo il cimento dell'armonia e dell'invenzione per la scoperta del bello e del vero.

Questo noi ti chiediamo per Cristo nostro Signore.

Nel nome del Padre, del Figlio e dello Spirito Santo.

E così sia.

Giovedì 2 marzo 2006 - Ricordo della benedizione del Laboratorio di Nucleosintesi Cavitativa del CNR

Capitolo VII

Le reazioni nucleari ultrasoniche con sostanze inerti: il Ferro

Gli esperimenti con il ferro – condotti negli anni 2005, 2006, 2007 – hanno avuto scopi molteplici che è bene qui riassumere in ordine: verificare che gli ultrasuoni e la cavitazione potevano indurre elementi inerti a emettere neutroni senza raggi gamma; constatare che questo fenomeno avveniva dopo un tempo di inerzia dall'inizio dell'applicazione degli ultrasuoni; verificare che le emissioni di neutroni avvenivano con impulsi variabili in intensità, durata, direzione e a intervalli di tempo variabili.

Lo scopo delle misure con rivelatori – termodinamici (fig. 4), fotografici (fig. 5), elettronici (fig. 6) – era verificare ciascun punto, ma soprattutto vedere, con tecniche assolutamente indipendenti e separate, come il fenomeno dei neutroni emessi dal ferro con gli ultrasuoni fosse reale. In particolare, le misure fotografiche comparative (fig. 5), realizzate da Petrucci, hanno avuto un triplice fine[25].

Primo: convalidare le misure di neutroni effettuate simul-

25 Cardone, F. - Cherubini, G. - Petrucci, A. (2009), *op. cit.*

taneamente con i rivelatori termodinamici e confermare in modo indipendente la realtà dell'emissione di neutroni (per questo basta confrontare le figure 4 e 5).

Secondo: confrontare il segnale dei neutroni prodotti dal ferro mediante ultrasuoni, ossia provenienti da una sorgente nuova, con il segnale di un canale di neutroni prodotti da un reattore nucleare, che è una sorgente nota; fatto, questo, che dà un'altra conferma comparativa della realtà dell'emissione di neutroni (fig. 5).

Terzo: commisurare questa nuova produzione di neutroni con quella di un canale di neutroni da reattore, per ottenere una misura comparativa dell'entità del fenomeno prodotto. Infatti, nella figura 5 si vede chiaramente che l'immagine dei neutroni del ferro è di estensione almeno doppia rispetto a quella dei neutroni del reattore a uranio. Questo fornisce la prima indicazione della potenziale capacità di sfruttamento industriale del processo.

Vi è tuttavia un quarto risultato che è, però, di carattere eminentemente scientifico, pur con successivi risvolti pratici che dovranno essere esaminati a parte. La figura 5 mostra l'immagine impressa dai neutroni di un canale di un reattore nucleare: è sostanzialmente una macchia bianca. Se invece che davanti a un canale, che attraversa gli schermi di un reattore, si fosse posta la lastra davanti al reattore senza schermi, questa sarebbe risultata interamente bianca, poiché i neutroni vengono emessi in tutte le direzioni in modo quasi uniforme e costante. Si ottiene una macchia bianca solo limitando l'uscita dei neutroni dal reattore mediante un canale. Viceversa, la lastra posta presso la camera di reazione con ultrasuoni non aveva schermi davanti a sé, quindi, se l'emissione dei neutroni fosse stata uniforme e costante, la lastra doveva diventare interamente bianca. Il fatto che essa rechi invece una macchia bianca, doppia rispetto a quella del canale del reattore, è indizio che l'emissione di neutroni con ultrasuoni non è uniforme e costante, ma avviene per impulsi di neutroni, quantunque molto intensi. Lo stesso ragionamento si poteva applicare al volume dei rivelatori termodinamici a bolle. Un'emissione uniforme e costante di neutroni avrebbe riempito di bolle tutto il volume. Un'emissione per impulsi produce bolle solo in una parte del volume, quella attraversata dai neutroni, come si vede nella figura 2. La constatazione di questo fatto porta a due conclusioni: la prima, che le emissioni di neutroni dagli ultrasuoni avvengono per impulsi e, quindi, va esaminato il meccanismo microscopico che li produce; la seconda, che questi impulsi devono essere misurati anche in modo indipendente dalle lastre fotografiche e ciò ci porta alla necessità di usare rivelatori elettronici in abbinamento a quelli termodinamici, in analogia a quanto fatto prima con le lastre.

Fino al secondo modello americano, l'opinione sul meccanismo di produzione dei neutroni era quella della carica cava microscopica, realizzata con la cavitazione delle bolle di gas nel liquido sottoposto a ultrasuoni. In parole povere, l'onda d'urto generata dal collasso della bolla era il pistone che comprimeva velocissimamente tutto ciò che era nella bolla stessa: le reazioni nucleari potevano essere conseguenza di questa velocissima compressione.

La concezione della bolla-pistone va però riesaminata criticamente. Infatti, se si considerano la pressione dei gas nella bolla, al più alla tensione massima di vapore saturo, e la sua temperatura e pressione di partenza, che possono essere temperatura ambiente e pressione atmosferica, l'unica conclusione è che, sottoposta alla sovrappressione dell'onda ultrasonica, la bolla si "sgonfia" e i gas interni escono nel corso del collasso. E questo fu il risultato ottenuto da Eliano Pessa in collaborazione con Fabio Cardone. Quindi, tutto ciò che partecipa alle reazioni, non è nel volume della bolla, ma sulla sua superficie che, riducendosi nel corso del collasso, porta a produrre le reazioni; ma solo se si supera la famigerata soglia di deformazione geometrica, il che limita le dimensioni delle bolle utili comparativamente alla potenza delle onde ultrasoniche[26]. Ciò crea un grosso problema pratico, poiché in futuro sarà necessario controllare, se possibile, il numero delle bolle utili presenti nella sostanza sottoposta a ultrasuoni e cavitazione. Per ora, questo è l'unico elemento di aleatorietà presente negli esperimenti, ma è molto difficile da tenere sotto controllo.

Chiarite le idee sul meccanismo microscopico che rende le bolle una sorta di "acceleratore inerziale di atomi", come le chiamò l'allora presidente del CNR Pistella, si

26 Cardone, F. - Mignani, R. (2007), *op. cit.*

tratta di affrontare la misura elettronica di questi impulsi di neutroni prodotti dal collasso delle bolle. Sfortunatamente, i rivelatori elettronici di neutroni altro non sono che contatori Geiger, con all'interno gas con boro. Questo gas se attraversato dai neutroni produce cariche elettriche, le quali vengono trasformate in corrente o tensione elettrica, in modo tale da avere un segnale che viene letto da opportuni circuiti e trasferito come numero a un calcolatore. Tutto questo procedimento avviene in cascata e, quantunque in tempi molto brevi, difficilmente può seguire un'emissione di neutroni completamente variabile, come nel caso in questione. In effetti, questi rivelatori sono letteralmente concepiti, quasi "cuciti addosso", per un flusso costante di neutroni, provenienti da sorgenti poco variabili, quale un canale di neutroni di un reattore oppure una sorgente radioattiva con materiale opportuno, come l'uranio, il plutonio o le miscele di americio-berillio. Viceversa, se si producono impulsi di neutroni in modo artificiale, le misure vengono calibrate sulla frequenza dei suddetti impulsi, che però è già nota poiché prodotta sotto controllo umano, artificiale, appunto. Fin dal principio, era chiarissimo che i rivelatori elettronici erano la cosa peggiore da usare, per misurare le emissioni di neutroni dagli ultrasuoni. I rivelatori termodinamici e le lastre fotografiche non hanno problemi, poiché entrambi accumulano gli effetti dei neutroni che li attraversano, durante l'intervallo di tempo in cui i neutroni sono prodotti. Per questo loro comportamento cumulativo sono detti rivelatori integrali, poiché sommano tutti gli effetti nell'arco di un lasso di tempo, sono pertanto i più indicati in questa circostanza di estrema variabilità. Viceversa, i rivelatori elettronici seguono l'emissione passo dopo passo, nello scorrere del tempo, se ci riescono, permettendo di apprezzare le differenze tra valori di misura successivi nel tempo, e per questo sono detti rivelatori differenziali. Inoltre, permettono anche di misurare sia la velocità con cui l'energia viene rilasciata dai neutroni nel rivelatore, sia – sotto opportune condizioni – il numero di neutroni per unità di superficie nell'unità di tempo. Le rispettive unità sono: Sievert all'ora (Sv/h) o suoi sottomultipli e numero di neutroni per centimetro quadro al secondo ($n \cdot cm^2 \cdot s^{-1}$), che sono appunto le unità della figura 6.

L'aver potuto eseguire le misure con tali rivelatori è stato il risultato di un difficile e duro lavoro di taratura e calibrazione, effettuato grazie alle due sorgenti di americio-berillio disponibili presso i laboratori del CETLI-NBC, ma soprattutto grazie alla monumentale pazienza di coloro che l'hanno materialmente fatto: Cherubini, Garau, Petrucci e Stefani.

Il risultato è stato più che soddisfacente poiché, da un lato, ha chiuso il ciclo di tutti i rivelatori disponibili, completando sia la dimostrazione sperimentale della realtà del fenomeno, sia la sua ripetibilità; dall'altro, ha permesso di confrontare le misure elettroniche (fig. 6) con quelle termodinamiche (fig. 4), con le quali veniva controllato l'andamento complessivo del fenomeno, e infine ha confermato l'esistenza degli impulsi indicata dalle misure fotografiche (fig. 5). Insomma, una grande fatica di cui però è valsa la pena.

I picchi visibili nella figura 6 sono il segno degli impulsi dei neutroni emessi, ma la cosa più interessante è stata l'analisi statistica dei valori di tutti i picchi registrati anche nelle altre misure. Il risultato è stato che i valori non sono parte di una distribuzione normale, o gaussiana; ciò vuol dire che non sono impulsi uguali tra di loro emessi in tempi e direzioni differenti, bensì sono proprio impulsi differenti e basta. Quest'ultima constatazione è indizio del fatto che diverse bolle che collassano possono dare luogo a diverse reazioni, con conseguenti diverse emissioni di neutroni.

L'ulteriore risultato di queste misure si vede sempre nella figura 6, seguendo passo dopo passo il grafico, al trascorrere dei minuti. Il sistema si comporta come un motore, che ha bisogno di un certo tempo di applicazione di ultrasuoni, prima di iniziare a funzionare e produrre impulsi. Un po' come una sorta di motore a scoppio nucleare, che prima ha bisogno di scaldarsi, poi parte e infine, spenti gli ultrasuoni (la riga nera verticale nella fig. 6), manda gli ultimi scoppi, si ferma e torna in silenzio com'era prima di partire. Questo è il punto più importante: infatti, la misura delle radiazioni alfa, beta e gamma del liquido reattivo, nella camera di reazione – prima, durante e dopo la reazione – ma soprattutto fuori della camera dopo la reazione, ha sempre dato risultati nulli. Ciò vuol dire che il composto di ferro era inerte prima della reazione ed è inerte dopo la reazione; in parole povere: non ci sono residui radioattivi nel processo di produzione dei neutroni. Il che significa che quando si spegne questa macchina, si spegne e basta. Al contrario di un reattore nucleare, che per sua natura è sempre acceso, poiché in effetti la reazione a catena è un'autocombustione, che può essere controllata ma non spenta del tutto, e che – anche quando ha esaurito il combustibile – produce comunque residui che restano radioattivi, e formano appunto le scorie.

Le misure del 2007 (fig. 6), ad onta della loro estrema difficoltà e delicatezza, hanno dato in premio l'ulteriore verifica della controllabilità di accensione e spegnimento del processo, che già era stata verificata nel 2005-2006 con i rivelatori termodinamici. La controllabilità dell'intensità era stata verificata nel 2006 variando la geometria dei rivelatori e la concentrazione delle soluzioni contenenti il ferro[27].

La reazione piezonucleare del ferro, in conclusione, era stata verificata come controllabile e priva di residui radioattivi. Essa produce energia nucleare sotto forma di neutroni in modo "nuovo".

---

27 Cardone, F. - Mignani, R. (2007), *op. cit.*

Capitolo VIII

Le reazioni nucleari ultrasoniche con sostanze radioattive: il Torio

Gli esperimenti con il torio, condotti nell'anno 2005, sono stati ispirati da precedenti esperimenti[28] – effettuati in Russia – sull'uso di onde d'urto da esplosioni elettriche in soluzioni di acqua e sostanze radioattive, tra cui il torio. In quel frangente venne constatato che il contenuto di torio variava e poteva diminuire. A questo punto, considerando l'estrema pericolosità radioattiva e chimica del torio, vennero preparate soluzioni a bassissimo contenuto dell'isotopo torio-228, per sottoporle a cavitazione con una potenza di 100 watt, una frequenza di 20.000 oscillazioni al secondo e per un tempo di 90 minuti.

Fu scelto il torio-228, il cui nucleo è composto da 90 protoni e 138 neutroni, perché è un esa-alfa-emettitore, ossia si trasforma radioattivamente emettendo sei particelle alfa che formano, su una lastra fotografica di policarbonato PADC-CR39, con un'immagine simile alle dita di

28 Urutskoev, L.I. (2004), "Review of experimental results on low-energy trasformation of nucleus", in *Annales de la Fondation Louis de Broglie*, 29/3, pp. 1149-1164.

una mano aperta. Per questo la sua radiazione specifica si riconosce in modo inequivocabile, anche in mezzo ad altre radiazioni ambientali. Il tempo in cui la sua radiazione diviene la metà e il suo contenuto si dimezza è di circa due anni. Furono preparati 12 campioni da 300 millilitri di acqua con torio, quattro dei quali servirono da riferimento mentre gli altri 8 vennero sottoposti a cavitazione per 90 minuti. Sul fondo di ciascuna camera di reazione venne posta una lastra fotografica di policarbonato CR39. Al termine, i campioni cavitati e non cavitati vennero analizzati con uno spettrometro di massa ad alta risoluzione (quadrupolare a settore magnetico), riscontrando che sistematicamente il contenuto di torio era dimezzato nei campioni sottoposti a ultrasuoni, rispetto a quelli non sottoposti (si veda tabella in fig. 8). Inoltre, le immagini della radioattività specifica (visibili nelle fotografie della fig. 7) mostrarono che il numero delle tracce riferibili al torio era rimasto invariato, sebbene il numero di campioni sottoposti a ultrasuoni era il doppio di quelli non sottoposti: quindi la radioattività specifica era dimezzata. Viceversa, nelle foto dei campioni sottoposti a ultrasuoni, le tracce delle altre radiazioni non variavano, quindi alla diminuzione delle radiazioni del torio non corrispondeva una variazione delle altre radiazioni. Contemporaneamente, la misura dei neutroni non aveva dato alcun segnale significativo.

Tutti questi fatti portano a ritenere che il torio sottoposto a ultrasuoni e cavitazione si possa essere trasformato – sebbene non siano stati identificati il o i risultati di tale trasformazione – senza produzione di neutroni e in un tempo di 90 minuti, ossia diecimila volte meno del tempo (due anni) collegato al dimezzamento naturale per via radioattiva. Un possibile indizio della trasformazione del torio in piombo, per effetto della pressione di un'onda d'urto, si ottenne successivamente con gli ulteriori esperimenti condotti in Russia da Leonid I. Urutskoev.

L'assenza di neutroni e di variazioni nelle altre radiazioni, registrate dalle foto, portano a escludere che il naturale decadimento del torio sia stato accelerato di diecimila volte nel tempo. Viceversa, questo comportamento, insieme ad altri comportamenti similari[29], porta a concludere che il torio sia stato soggetto a reazioni piezonucleari, che ne hanno cambiato la natura facendogli superare la soglia di energia della forza radioattiva, al di là della quale anche la geometria di tale forza non è più piatta[30].

Per confronto, vennero eseguite spettrometrie di massa ad alta risoluzione di tutti i campioni di ferro sottoposti a cavitazione. Le variazioni degli elementi riscontrate portarono a concludere che potevano essersi verificate reazioni in cui i nuclei degli elementi si erano divisi, dando luogo a fenomeni di nucleolisi (non di fissione), o addirittura nuclei di elementi anche differenti si erano uniti, dando luogo a fenomeni di nucleosintesi (non di fusione). Altri

---

29 Cardone, F. - Mignani, R. (2007), *op. cit.*

30 Cardone, F. - Mignani, R. - Petrucci, A. (2009), "Piezonuclear decay of thorium", in *Physics Letters A*, 373/22, pp. 1956-1958.

hanno proposto anche i nomi di piezofissione e piezofusione nucleari, oppure di fissione piezonucleare e fusione piezonucleare, o anche di nucleosintesi cavitativa e nucleolisi cavitativa.

Non è possibile per il momento dire di più che coniare nomi nuovi per fatti nuovi, che tali sono a causa dell'assenza di radiazione gamma, che altrimenti avrebbe dovuto accompagnare immancabilmente i fenomeni di fissione nucleare, per non parlare della fusione. Riguardo alla fusione dei nuclei, basta una considerazione elementare: se per fondere il deuterio o il litio sono necessarie temperature di decine di milioni di gradi, per nuclei appena più pesanti, per non parlare del ferro, si può arrivare a decine di miliardi di gradi; ed è veramente molto difficile ritenere che il collasso della cavitazione possa realizzare a livello microscopico queste fantastiche temperature.

La possibilità di variare la geometria a livello microscopico, per arrivare a queste reazioni di nucleosintesi o nucleolisi, richiede ulteriori prove ed esperimenti, che sono stati condotti dal 2011 al 2013 usando mercurio[31] e ottenendo

31 Cardone, F., Albertini, G., Bassani, D., Cherubini, G., Guerriero, E., Mignani, R., Monti, M., Petrucci, A., Ridolfi, F., Rosada, A., Rosetto, F., Sala, V., Santoro, E., Spera G. (2015) "Nuclear Metamorphosis in Mercury", *International Journal of Modern Physics B* Vol. 29, No. 0, p. 1550239, DOI: 10.1142/S0217979215502392

un successo[32] ben superiore a quanto indicato dai laboratori di Oak Ridge[33].

Nondimeno, i casi del ferro e del torio potrebbero divenire emblematici di un altro fatto: il superamento della soglia di deformazione è un po' come attraversare "lo specchio di Alice", per entrare in un luogo in cui il ferro inerte emette neutroni, anche se è il più sfavorito a farlo, mentre il torio radioattivo perde la sua radioattività in un tempo troppo breve, producendo una situazione inerte. Un luogo, in un certo senso, capovolto proprio come attraverso lo specchio.

32 Questo successo ha portato il Congresso statunitense a riconoscere anche all'Italia il primato in questo campo di ricerche scientifiche (vedasi Appendice E), dopo quanto già deciso dalle Istituzioni italiane: Senato, Parlamento, Regione Abruzzo (vedasi Appendici C, D).

33 West, D. C., (2000), *op. cit.*

Capitolo IX

Le prospettive di sfruttamento delle reazioni nucleari ultrasoniche

Le reazioni piezonucleari che sono state esaminate negli esperimenti si possono dividere in due grandi categorie: le reazioni ultrasoniche esotermiche e la reazioni ultrasoniche endotermiche. Si può affermare, in generale, che tali reazioni ultrasoniche, intese come reazioni piezonucleari, siano valide tanto nei liquidi quanto nei solidi. Ciò in conseguenza degli esperimenti del Politecnico di Torino e delle prove condotte a Milano con il prototipo industriale in scala ridotta di reattore piezonucleare. Le reazioni esotermiche sono quelle che consumano energia per produrre energia, e qui sorge il problema tecnico futuro di avere un bilancio positivo: il primo utile sarebbe un rapporto di uno consumato per tre prodotti[34]. Le reazioni endotermiche sono quelle che consumano energia per modificare la materia, inerte o radioattiva che sia.

La prima applicazione possibile delle reazioni nucleari

34 In effetti si può giungere sino a circa 10 prodotti, almeno nella produzione di neutroni e conseguente effetto termico (vedasi Cardone, F., Mignani, R., Monti, M., Petrucci, A., Sala V. (2012) *op. cit.*)

ultrasoniche ci viene suggerita dalle immagini che mostrano l'energia nucleare sotto forma di neutroni liberati dalle reazioni. In particolare, l'immagine del confronto con l'energia liberata da un reattore nucleare a uranio, in cui si nota che l'energia prodotta con gli ultrasuoni è almeno il doppio (come vediamo nella fig. 5).

Dalla metà del XX secolo, il problema energetico è divenuto sempre più grave, per la scarsità di fonti primarie di energia e per la grave dipendenza geografica e politica dai Paesi produttori di tali fonti di energia. Nel 1970, si diceva che il petrolio fosse prossimo a finire, ma vennero scoperti i giacimenti nel Mare del Nord. Nel 1980, di nuovo il petrolio stava per finire, ma vennero scoperti i giacimenti nel Golfo del Messico. Nel 1990, mancava ancora una volta il petrolio, ma vennero scoperti i giacimenti nel Golfo del Bengala. Nel 2000, infine, vennero scoperti i giacimenti del Sudan, in Africa, ma il petrolio continua a finire.

Oltre al petrolio, ci sono altre quattro fonti primarie di energia: l'acqua per l'energia idroelettrica, il carbone, il metano e l'uranio. Il vento e il sole, al momento, non sono in grado di divenire fonti primarie di energia, ma solo integratori della produzione complessiva globale. Nel 2007, un quinto dell'energia elettrica mondiale è stato prodotto con l'uranio nelle centrali nucleari, ma secondo stime dell'ONU è necessario avere un milione di tonnellate l'anno di minerale. Invece, le miniere attualmente conosciute ne producono la metà, ossia mezzo milione di tonnellate all'anno. Peggio del petrolio, che finirà, l'uranio sembra già finito. Inoltre, la dipendenza geopolitica dai Paesi produttori di uranio resta un problema simile alle altre fonti di energia, come ha dimostrato – nella seconda metà del XX secolo – la breve guerra in Africa tra Libia e Chad, per il possesso delle miniere ricche di uranio del Tibesti, nel deserto del Sahara; guerra adeguatamente risolta, velocemente e brutalmente, dai paracadutisti della Legione Straniera francese.

Le reazioni nucleari ultrasoniche per liberare energia necessitano di sali di ferro e il ferro è molto comune in natura; questo risolve il problema della dipendenza geopolitica dai produttori delle fonti primarie. Inoltre, gli esperimenti hanno dimostrato che le reazioni nucleari ultrasoniche non producono scorie radioattive, e nemmeno radioattività residua, e questo risolverebbe il problema dei rifiuti pericolosi.

Qual è il modo migliore di usare quest'energia liberata? Come già detto, nelle immagini che vediamo alle figure 4, 5 e 6, l'energia sotto forma di neutroni è il doppio di quella prodotta da un reattore all'uranio. La prima possibilità sarebbe allora di usare direttamente quest'energia per generare corrente elettrica, mediante alternatori con turbine mosse dal vapore acqueo ottenuto raffreddando i neutroni. Tuttavia, non è detto che questa sia la maniera più efficiente di sfruttare i neutroni. Un altro modo, forse migliore, è usarli per scatenare reazioni nucleari secondarie in opportuni materiali – quale l'acido borico che è anche molto comune – attraverso i quali la generazione di energia venga amplificata. In poche parole, usare i neutroni delle reazioni ultrasoniche come innesco per liberare quantità di energia sempre maggiori. Il massimo traguardo di un futuro prototipo industriale è produrre 3 kWh (chilowattora) di corrente elettrica per ogni kWh di corrente consumata, per generare gli ultrasuoni necessari alle reazioni.

Gli esperimenti hanno indicato anche un'altra sorprendente possibilità: la distruzione delle sostanze radioattive mediante la loro trasformazione in sostanze inerti, prive di radioattività. È opportuno qui ripetere, dal punto di vista delle potenzialità pratiche, quanto esaminato precedentemente da un punto di vista scientifico. Sono state prese quantità minime di una sostanza radioattiva, il torio, per sottoporle a ultrasuoni; il torio è stato scelto per la potenza e la forma caratteristica delle sue radiazioni, facilmente riconoscibili e fotografabili, ma anche perché è uno dei componenti delle scorie radioattive delle centrali nucleari. Nella figura 8 troviamo le tabelle delle analisi dei vari campioni: il risultato è stato che il torio sottoposto a ultrasuoni è diventato la metà, ovvero si è dimezzato, ma in appena 90 minuti invece che nei due anni previsti dalla legge della radioattività.

E ancora: nella figura 7 troviamo le foto della radiazione del torio, evidenziata dai cerchi, che dopo l'applicazione degli ultrasuoni è divenuta la metà, senza che vi fosse aumento di radiazione di altro genere, come vorrebbe la legge del decadimento radioattivo, e sempre in 90 minuti invece che in due anni. Semplicemente, dopo 90 minuti di ultrasuoni, il torio era divenuto la metà e la sua radioattività era dimezzata, il tutto diecimila volte prima di quanto accade in natura.

Che cosa sia diventato il torio è ancora oggetto di esperimenti, certamente non è decaduto per vie naturali, altrimenti ci sarebbe stato l'aumento di altre radiazioni, che sarebbero comunque risultate nelle lastre fotografiche. Ora il problema è passare dalle quantità minime degli esperimenti alle quantità industriali e provare anche differenti elementi radioattivi. Ciò richiede esperimenti costosi e pericolosi. Nondimeno, siamo arrivati alla scoperta del principio che rende il fatto possibile.

L'evidenza della possibilità di trasformare velocemente la materia, mediante gli ultrasuoni, apre la via a un'altra applicazione: la trasformazione delle sostanze inutili ma abbondanti in natura, in sostanze utili ma rare in natura. Un modo per farsi in "casa" propria una miniera di sostanze utili non presenti nel proprio territorio. Di nuovo, anche questo sarebbe un passo importante verso l'indipendenza geopolitica dell'approvvigionamento delle materie prime.

Infine, consideriamo che la trasformazione ultrasonica delle sostanze non avviene sempre con qualsiasi tipo di ultrasuoni, ma deve essere accuratamente e delicatamente pilotata: in pratica non è un fatto comune.

Possiamo pensare anche a futuri sviluppi nella medicina, trasformando le sostanze e i tessuti dannosi per l'organismo umano in sostanze eliminabili dal metabolismo attraverso le vie naturali. Questo è senz'altro il traguardo più ambizioso di tutti, in cui fondere i principi della chirurgia e della farmacologia: un processo fisico che ottiene il risultato di eliminare ciò che è dannoso, senza asportarlo o estirparlo dall'organismo, bensì trasformandolo in qualcosa di innocuo di cui l'organismo si libera facilmente.

I costi per realizzare questi progetti sono molto alti. È stato valutato che ogni prototipo industriale può costare 100 milioni di euro e può avere soltanto un'applicazione specifica: produzione di energia, distruzione di sostanze radioattive, trasformazione delle sostanze. Sfortunatamente, con le conoscenze acquisite negli esperimenti riportati in *Deformed Spacetime*[35] e nei manoscritti successivi[36], non è possibile costruire un solo prototipo polivalente e quindi più economico. Tuttavia i successivi esperimenti, eseguiti dopo il 2013, aprono nuove strade per future macchine che possano essere anche polivalenti[37].

Pertanto ci dobbiamo affidare al principio che, se il rischio è ragionevole, chi più rischia capitali più ricava guadagni, in parole povere c'è bisogno di "*capitali* coraggiosi". Si tenga presente, inoltre, che tutto ciò che riguarda queste

---

35 Cardone, F. - Mignani, R. (2007), *op. cit.*

36 Cardone, F. - Cherubini, G. - Petrucci, A. (2009), *op. cit.*; Cardone, F. - Mignani, R. - Petrucci, A. (2009), *op. cit.*; Cardone, F., Mignani, R., Monti, M., Petrucci, A., Sala V. (2012), *op. cit.*; Cardone, F., Cherubini, G., Lammardo, M., Mignani, R., Petrucci, A., Rosada, A., Sala, V., Santoro, E. (2015), *op. cit.*;

37 Cardone, F., Albertini, G., Bassani, D., Cherubini, G., Guerriero, E., Mignani, R., Monti, M., Petrucci, A., Ridolfi, F., Rosada, A., Rosetto, F., Sala, V., Santoro, E., Spera G. (2015), *op. cit.*

ricerche era proprietà dello Stato Italiano: la macchina era proprietà dell'Esercito Italiano e nel 2014 è stata smantellata; i brevetti relativi alla macchina e ai suoi procedimenti erano di proprietà del CNR[38] e, dall'aprile 2008, la loro consultazione è diventata pubblica presso gli archivi del WIPO (World Intellectual Property Organization) – l'organismo dell'ONU per la proprietà intellettuale – oppure dell'EPO (European Patent Office), l'ufficio brevetti europeo; tutto secondo le norme del trattato di cooperazione internazionale in materia di brevetti il PCT (Patent Convention Treaty).

Riguardo l'impegno dello Stato Italiano e delle sue Istituzioni nel generoso tentativo di sfruttare queste nuove reazioni nucleari, se ne può avere prova dagli atti del Parlamento Italiano, Appendice C e del Consiglio della Regione Abruzzo, Appendice D.

Tuttavia il Congresso degli Stati Uniti, dopo aver constatato il primato raggiunto in questo campo anche dall'Italia, unico Paese nell'Unione Europea, ha deciso di prendere sue iniziative, Appendice E.

Una possibilità resta quella di pensare una via parallela all'uso dell'energia nucleare convenzionale. Certo, sarebbe un programma lento e a lungo termine (10-15 anni) ma col vantaggio di essere economicamente sopportabile nel

---

38 Già registrati nel repertorio dei brevetti di proprietà del CNR presso i siti: www.dpm.cnr.it/brevetti4.htm; www.dpm.cnr.it/brevetti5.htm; www.dpm.cnr.it/brevetti6.htm. Ceduti successivamente dal CNR in via definitiva nell'anno 2015.

medio termine (3-5 anni). Si può anche pensare di sviluppare innanzitutto le possibilità tecniche di eliminazione delle sostanze radioattive, applicarne i risultati alla distruzione delle scorie delle centrali nucleari convenzionali, e liberare così l'industria nucleare dell'energia dal suo costo principale, ovvero lo smaltimento delle scorie. Con i proventi del metodo di eliminazione delle scorie si potrebbe poi finanziare lo sviluppo tecnico della produzione di energia nucleare da ultrasuoni e sostanze inerti.

Si potrebbe, magari, raggiungere in questo modo i livelli della produzione di energia derivante da sostanze comuni, ma senza scorie e, come nelle favole, tutti potrebbero vivere felici e contenti. Forse.

Capitolo X

Una scoperta indesiderata

post-fazione di Eliano Pessa

Dipartimento di scienze della mente e del comportamento, Università di Pavia e AIRS, Associazione Italiana per la Ricerca sui Sistemi

Gli interessanti risultati teorici, sperimentali e applicativi derivanti dallo studio delle reazioni piezo-nucleari ultrasoniche, illustrati in modo assai chiaro e logicamente ineccepibile nelle pagine precedenti, ovviamente sollevano una serie di interrogativi relativi alle motivazioni che hanno indotto gli studiosi coinvolti in queste ricerche ad adottare quadri di riferimento teorici che, pur risalendo a proposte alquanto lontane nel tempo, mettono in discussione alcune concezioni attuali della Fisica che, a partire dal dopoguerra, sembravano essere ormai definitivamente accettate da tutti gli studiosi, tanto da essere universalmente denominate con l'appellativo di "Modello Standard". Questa circostanza consente di affermare che le scoperte descritte in questo libro possono, in un certo senso, essere considerate come "scoperte indesiderate", in quanto turbano un quadro concettuale relativamente al quale tutte le discussioni sembravano oramai essere cessate. Una riprova di questo turbamento è data non soltanto dalle relative difficoltà incontrate dagli autori di queste scoperte nel tentare di pubblicare i loro risultati su riviste scientifiche internazionali, ma soprattutto da vari tipi di campagne denigratorie, condotte in vari contesti da altri colleghi, volte a svilire la credibilità degli autori stessi (ma non già dei risultati ottenuti) con affermazioni prive di qualunque valore scientifico. Anche se questi fenomeni non sono infrequenti nella storia della Scienza, essi hanno comunque un aspetto positivo, in quanto costringono coloro che propongono nuove teorie o nuovi quadri concettuali a lavorare ulteriormente per chiarire il più a fondo possibile le motivazioni intrinseche delle loro proposte. Per quanto riguarda questo libro la presente post-fazione è stata scritta allo scopo di illustrare ulteriormente, nonostante la chiarissima descrizione contenuta nel Capitolo 5, il quadro concettuale generale che ha originato la principale novità teorica che ha permesso di comprendere e prevedere i fenomeni relativi alle reazioni piezo-nucleari ultrasoniche: quella dell'introduzione della cosiddetta "Relatività Deformata".

A questo proposito conviene prendere le mosse da due aspetti fondamentali che caratterizzano da sempre le ricerche di fisica teorica: il primo consistente nel fatto che tutte le proposte di teorie o di modelli sono introdotte come conseguenze logiche di approcci concettuali di carattere assai generale riguardanti i principi da utilizzare nel descrivere i fenomeni (circostanza dovuta all'antica derivazione della fisica teorica da un ramo della filosofia, la cosiddetta *philosophia naturalis*) e il secondo dovuto alla presenza (almeno finora) di due soli di tali approcci, uno che enfatizza il ruolo del concetto di *sorgente di forza* e l'altro che enfatizza il ruolo del concetto di *campo*. L'approccio basato sulle sorgenti di forza (brevemente chiamate *sorgenti*) è il più antico, dato che risale addirittura a Newton, e ipotizza che le forze che causano i mutamenti osservati nel mondo fisico abbiano una origine diretta da capacità *intrinseche* possedute dai corpi presenti nel mondo stesso, in parte indipendenti dalle circostanze spazio-temporali in cui tali corpi si possono trovare. Così, tanto per fare un esempio, nella sua teoria della gravitazione Newton fu costretto a supporre che la forza gravitazionale esercitata da un corpo derivasse essenzialmente da una sua caratteristica intrinseca che poi fu chiamata *massa gravitazionale*. Naturalmente l'effetto prodotto veniva a dipendere anche dalla distanza tra il corpo stesso e il punto in cui si effettuavano le misure del valore della forza, ma senza massa gravitazionale non si potevano avere forze gravitazionali. In questo quadro concettuale era però impossibile spiegare che cosa esattamente fosse la massa gravitazionale e quale fosse la sua origine. Infatti l'identificazione fatta da Newton della massa gravitazionale di un corpo con la sua *massa inerziale* (cioè con il parametro che compare nel secondo principio della dinamica) non fu altro che una ipotesi gratuita, fatta allo scopo di permettere l'esecuzione di calcoli materiali riguardanti le traiettorie dei corpi in presenza di forze gravitazionali. Una situazione simile si presenta quando si vogliono spiegare le forze elettriche emesse dai corpi. In questo caso le sorgenti sono fornite dalle *cariche elettriche*, ma in che cosa esse consistono? In tempi moderni questa domanda ha avuto una parziale risposta spostando le analisi dal livello macroscopico a quello microscopico: infatti oggi sappiamo che la carica elettrica di un corpo dipende da quella delle particelle elementari che lo costituiscono. Ma questo ha solo spostato il problema: cos'è la carica elettrica di una particella elementare? E perché ha un certo valore e non un altro? Attualmente queste domande non hanno ancora trovato risposte.

L'approccio che enfatizza il ruolo del concetto di campo è relativamente meno antico del precedente, dato che è stato introdotto da Maxwell nella seconda metà dell'Ottocento (vedi, a questo riguardo, Hunt, 1991[39]; Cao, 1997[40]; McMullin, 2002[41]). In esso ogni punto dello spazio-tempo è associato ad una potenzialità, misurabile in presenza di un corpo di prova situato in quel punto, ma comunque intrinsecamente presente anche in assenza di corpi, nel vuoto più completo. La legge di distribuzione di queste potenzialità nello spazio e nel tempo definisce un campo, che agisce come una entità autonoma, in grado di propagarsi anche in assenza di sorgenti di forza che lo generino. Questo approccio è particolarmente adatto a descrivere i campi di forze usati nella fisica, come il campo elettromagnetico, quello gravitazionale, quelli delle forze deboli

---

39 Hunt, B.J., 1991, *The Maxwellians*. Cornell University Press, Ithaca, NY.

40 Cao, T.Y., 1997, *Conceptual Developments of 20th Century Field Theories*. Cambridge University Press, Cambridge, UK.

41 McMullin, E., 2002, The origin of the Field Concept in Physics. *Physics in Perspective*, Vol. 4, pp. 13-39.

e forti che agiscono al livello delle particelle elementari. Ovviamente in questo contesto assumono un ruolo fondamentale gli aspetti geometrici della distribuzione di queste potenzialità, piuttosto che non i valori delle intensità delle sorgenti, dato che, una volta generato un campo ad opera di una opportuna sorgente, il campo stesso può vivere autonomamente, evolvendo e propagandosi in funzione delle sole leggi che lo governano. In linea di principio si potrebbe addirittura sostenere che il concetto di sorgente è inutile, dato che serve solo a contraddistinguere le regioni di spazio in cui il campo è particolarmente intenso.

Anche se la diatriba tra approccio basato sulle sorgenti e approccio basato sui campi continua ancora oggi a sussistere, vanno qui menzionati due contributi, che hanno entrambi profondamente influenzato l'evoluzione della fisica teorica. Il primo è dovuto all'opera di Hendrik Antoon Lorentz, uno dei fondatori della teoria della Relatività Ristretta, che, tramite i suoi lavori e soprattutto i trattati di fisica da lui scritti, ha enfatizzato fortemente il ruolo delle sorgenti nello studio dei campi di forze, allo scopo di facilitare la descrizione dei fenomeni elettromagnetici che hanno luogo in mezzi materiali differenti dal vuoto. Questo modo di vedere le cose ha influenzato generazioni di fisici, favorendo lo sviluppo di una concezione in cui lo studio dei fenomeni legati alle particelle elementari viene a costituire l'aspetto fondamentale della fisica, potenzialmente in grado di spiegare la totalità di tutti gli altri fenomeni (vedi, per una analisi del ruolo giocato da

Lorentz, il vecchio, ma sempre valido, Hirosige, 1969[42]). Il secondo contributo è invece dovuto ad Albert Einstein che nel 1915 introduce una nuova teoria della gravitazione nota col nome di "Teoria della Relatività Generale' (RG). Quest'ultima costituisce la migliore realizzazione, possibile in quell'epoca, dell'approccio basato sui campi. Infatti in essa non solo i fenomeni gravitazionali sono una conseguenza immediata delle caratteristiche geometriche dello spazio-tempo (dato che sono un effetto prodotto dalla sua curvatura), ma il campo gravitazionale può anche interagire con se stesso, permettendo la comparsa di fenomeni gravitazionali persino in assenza di qualunque tipo di sorgente.

Nonostante la RG abbia ben presto ricevuto convincenti conferme sperimentali, la maggior parte dei fisici ha continuato per molto tempo a trascurarla, per tutta una serie di motivi tra i quali possiamo elencare (ovviamente ogni trattato sulla RG contiene critiche più o meno specifiche a questa teoria; rassegne si possono trovare in Norton, 1993[43]; Malament, 2012[44]; Lehmkuhl, 2014[45]):

---

42 Hirosige, T., 1969, Origins of Lorentz' theory of electrons and the concept of the electromagnetic field. *Historical Studies in the Physical Sciences*, Vol. 1, pp. 151-209.

43 Norton, J.D., 1993, General covariance and the foundations of general relativity: eight decades of dispute. *Reports on Progress in Physics*, Vol. 56, pp. 791-858.

44 Malament, D.B., 2012, *Topics in the foundations of general relativity and Newtonian gravitation theory*. Chicago University Press, Chicago, IL.

45 Lehmkuhl, D., 2014, Why Einstein did not believe that general relativity geometrizes gravity. *Studies in History and Philosophy of Modern Physics*, Vol. 46, pp. 316-326.

a) le energie in gioco nei fenomeni gravitazionali sono, per quanto riguarda i fenomeni su scala terrestre o addirittura microscopica, del tutto trascurabili rispetto a quelle implicate da altri tipi di fenomeni;

b) nella RG la descrizione degli effetti gravitazionali prodotti da altri campi di forze è piuttosto approssimativa e, nella maggior parte dei casi, applicabile solo a fenomeni su grandissima scala;

c) l'approccio geometrico usato per descrivere il campo gravitazionale non riesce ad essere esteso ad altri tipi di campi di forze e questa circostanza rende difficile usare i metodi della RG per costruire teorie unificate dei campi;

d) la complessità della struttura matematica della RG rende difficile studiare il collegamento tra scale locali e scale globali nella descrizione dei fenomeni, anche perché le soluzioni delle equazioni della RG possono essere trovate solo in casi estremamente semplici, ben lontani da quanto accade nella realtà.

Queste ed altre circostanze hanno favorito l'affermarsi pressoché generale dell'approccio basato sulle sorgenti rispetto a quello basato sui campi, in concomitanza anche con gli straordinari sviluppi delle ricerche sulle particelle elementari e sulla fisica delle alte energie, strettamente legati a tutta una serie di enormi interessi e investimenti finanziari, che hanno preso le mosse dalle prime realizzazioni nell'ambito della fisica nucleare per arrivare a gigantesche costruzioni tecnologiche come l'attuale Large Hadron Collider di Ginevra.

Questo stato di cose ha iniziato a cambiare quando, all'inizio degli anni Novanta, hanno iniziato a diffondersi in tutto il mondo scientifico i dati sperimentali relativi al fenomeno della *Sonoluminescenza*. Dato che in proposito il Capitolo 2 di questo libro contiene già una precisa descrizione del fenomeno, mi limiterò qui a rammentare brevemente alcune circostanze che lo caratterizzano (ottime rassegne sono quelle di Brenner *et al.*, 2002[46]; Lauterborn e Kurz, 2010[47]; Borisenok, 2015[48]). Esso, come è ben noto, consiste nella emissione di luce da parte di bolle di gas all'interno di un liquido sollecitato da onde di pressione di frequenza ultrasonica. Queste ultime inducono in ogni bolla una vera e propria cavitazione che porta ad un collasso della bolla stessa fino ad arrivare a dimensioni piccolissime, caratterizzate da un'altissima densità di energia e di conseguenza da temperature elevatissime. Esse sarebbero concomitanti con la comparsa di uno stato di plasma assai denso nel centro della bolla, che sarebbe responsabile dell'emissione luminosa osservata. Va subito fatto osservare che le attuali conoscenze sul fenomeno della sonoluminescenza derivano da un accordo sufficientemente accettabile tra

46 Brenner, M.P., Hilgenfeldt, S., Lohse, D., 2002, Single-bubble sonoluminescence. *Reviews of Modern Physics*, Vol. 74(2), pp. 425-484.

47 Lauterborn, W., Kurz, T., 2010, Physics of bubble oscillations. *Reports on Progress in Physics,* Vol. 73, 106501.

48 Borisenok, V.A., 2015, Sonoluminescence: Experiments and models (Review). *Acoustical Physics*, Vol. 61(3), pp. 308-332.

i risultati ottenuti tramite due differenti metodi di indagine: una serie abbastanza estesa di esperimenti di cavitazione ultrasonica e una serie altrettanto estesa di simulazioni numeriche su calcolatore dell'evoluzione temporale di vari tipi di modelli teorici del fenomeno (che, essendo molto complessi, non possono essere studiati direttamente con i metodi matematici tradizionali). Con questi metodi si è potuto concludere che: 1) la fase finale del collasso consiste in onde sferiche di shock convergenti verso il centro della bolla; 2) la sfericità del collasso si mantiene stabile anche in presenza di perturbazioni esterne; 3) le temperature finali del collasso non sono molto lontane da quelle che permettono l'innesco di reazioni termonucleari.

Tuttavia, anche se queste considerazioni giustificano l'interesse scientifico e tecnico del fenomeno della sonoluminescenza, rimane il fatto che i metodi finora usati per produrla non hanno dato luogo a prove convincenti della comparsa di reazioni termonucleari. Va inoltre osservato che tutti i ragionamenti fatti per giustificare questa circostanza hanno fatto sempre riferimento a caratteristiche spazio-temporali del contesto dei fenomeni studiati e mai alla presenza di sorgenti specifiche di energia. A questo proposito occorre tener presente che il verificarsi di un'attività termonucleare, magari modesta ma rivelabile, è pur sempre un fenomeno osservativo su scala macroscopica, avente luogo in una data regione dello spazio in un opportuno intervallo di tempo. Infatti l'enorme differenza di scala tra il mondo microscopico delle particelle e degli atomi e quello macroscopico delle nostre osservazioni è talmente grande che il verificarsi effettivo di una singola reazione termonucleare è un fatto praticamente inosservabile e quindi trascurabile. Questo perché la relazione tra i due mondi può essere studiata solo ricorrendo ad un approccio di tipo statistico. Sicuramente nell'acqua a temperatura ambiente contenuta nel bicchiere posto sul nostro tavolo si verificano ogni tanto delle reazioni termonucleari spontanee, ma cosa contano? All'incirca il bicchiere contiene centinaia di migliaia di miliardi di miliardi di molecole: su numeri di questo tipo i singoli eventi di reazione hanno un impatto fantasticamente piccolo, che li rende irrilevanti. Ne consegue che il problema di produrre un numero rilevabile di reazioni termonucleari si pone non tanto nei termini "Come fare in modo che ci sia una reazione termonucleare ?", quanto nei termini "Come fare in modo che ci sia contemporaneamente un numero consistente di reazioni termonucleari confinate entro un certa regione di spazio ed un certo intervallo di tempo?". Come tutti sanno, finora questo problema è stato risolto in due soli modi: da noi esseri umani tramite la costruzione delle bombe termonucleari e dalla natura tramite il funzionamento delle stelle. Ma, siccome in entrambi questi casi le condizioni spazio-temporali, oltre ad essere inaccettabili, sono ben lontane da quelle del collasso di un bolla in condizioni ultrasoniche, perché non pensare a come modificare il contesto geometrico di quest'ultimo caso studiando le possibilità offerte dalla matematica?

A questo proposito la strategia più conveniente sembra essere quella di ricorrere all'approccio basato sui campi, già adottato a suo tempo da Einstein. Infatti la sua Teoria della Relatività Generale ammette senza problemi variazioni della struttura geometrica dello spazio-tempo, eventualmente innescate da opportuni eventi. Gli esempi più conosciuti sono forniti non tanto dalle applicazioni della teoria alla cosmologia quanto da quelle alla descrizione dell'evoluzione di oggetti astronomici di grande massa, come le normali stelle, le esoteriche "stelle di neutroni" e i buchi neri. Dato che questi oggetti possono essere rappresentati usando una rappresentazione di tipo idrodinamico e dato che anche l'idrodinamica fornisce un esempio di approccio basato sui campi, si può capire come la RG possa essere adattata a fornire modelli del loro comportamento, specie in presenza di condizioni estreme (come il collasso di una stella, la sua esplosione o la fusione di due stelle). Naturalmente lo studio di tali modelli richiede una matematica assai complicata ma in tempi recenti questo ostacolo è stato superato dall'introduzione di sofisticati metodi di analisi numerica che hanno consentito di fare dettagliate simulazioni su computer dell'evoluzione dei modelli risolvendo numericamente le equazioni della RG tramite l'utilizzo di calcolatori assai potenti (vedi, per esempi concreti di applicazioni di queste procedure, Shibata, 2003[49]). Queste

---

49 Shibata, M., 2003, Axisymmetric general relativistic hydrodynamics: Long-term evolution of neutron stars and stellar collapse to neutron stars and black holes. *Physical Review* D, Vol. 67, 024033.

simulazioni hanno mostrato, tra altro, come la geometria spaziale possa cambiare nel tempo in funzione dei processi fisici che caratterizzano questi contesti.

Va tuttavia osservato che, benché questi risultati forniscano una sufficiente giustificazione della scelta di un approccio del genere, esso non può essere direttamente applicato al caso, per esempio, delle bolle ultrasoniche, caratterizzato invece da dimensioni spaziali assai piccole, da tempi brevissimi e da elevate densità di energia. In situazioni del genere è molto più conveniente rappresentare la geometria spazio-temporale in termini di deformazioni della ben nota geometria di Minkowski, usata nella Relatività Ristretta. Tali deformazioni, però, non sono necessariamente descritte in termini delle piccole variazioni usate nella cosiddetta "approssimazione post-newtoniana" alla RG, dato che quest'ultima serve a descrivere solo fenomeni implicanti debolissime energie dovute a lenti fenomeni gravitazionali, mentre nei casi che riguardano, ad esempio, le bolle ultrasoniche si posso avere deformazioni anche assai consistenti, rapide, riguardanti domini spaziali molto piccoli. Ecco il perché della proposta di utilizzare lo spazio di Minkowski deformato, citato nel Capitolo 5 di questo libro, e la conseguente "Teoria della Relatività Deformata". Risulta inoltre evidente come, in questo tipo di contesti sperimentali, non convenga utilizzare la forma originale delle equazioni della RG, nella quale sussistono ambiguità e incertezze nel descrivere deformazioni del tipo sopra descritto, ma sia più utile, almeno inizialmente, limitarsi a studiare le relazioni esistenti tra queste deformazioni e l'energia in gioco nelle diverse situazioni, dato che questa energia appare, sia dal punto di vista teorico che sperimentale, come il parametro fondamentale nella determinazione del quadro degli eventi presi in considerazione.

Va qui sottolineato che l'approccio illustrato poco sopra implica una serie di complessi studi teorici e sperimentali per identificare i nuovi fenomeni che diventano possibili nel contesto di una struttura geomentrica, come quella dello spazio di Minkowski deformato, che è ben più ricca di quella dello spazio di Minkowski originale (vedi in proposito Mignani et al., 2013[50]). Senza entrare qui nel discorso tecnico relativo ai nuovi avanzamenti teorici possibili (descritti nei due volumi Cardone e Mignani, 2004[51]; 2007[52], già citati nelle pagine precedenti di questo libro), mi limito a ricordare che una parte assai interessante dei risultati sperimentali ottenuti relativamente alle reazioni piezonucleari è descritta nei Capitoli 6, 7 e 8 di questo libro. La circostanza più interessante che emerge da questi risultati è che la semplice cavitazione o la semplice presenza di una sorgente di ultrasuoni non sono di per sé sufficienti a dar luogo a un numero osservabile di reazioni termonucleari. Infatti, se questo fosse il caso, si osservereb-

---

50 Mignani, R., Cardone, F., Petrucci, A., 2013, Metric gauge fields in Deformed Special Relativity. *Electronic Journal of Theoretical Physics*, Vol. 10(29), pp. 1-20.

51 *Energy and Geometry, op. cit.*

52 *Deformed Spacetime, op. cit.*

bero reazioni del genere già nel caso della luminescenza, cosa che non accade. Perché le cose stanno così? Essenzialmente perché le eventuali deformazioni della geometria spazio-temporale, che potrebbero favorire la comparsa di reazioni nucleari in condizioni tradizionalmente proibitive e ben lontane da quelle presenti nelle bombe o nelle stelle, non vengono prodotte istantaneamente ma compaiono solo dopo una opportuna serie di stimolazioni energetiche prodotte dagli ultrasuoni. La lunghezza di queste serie dipende essenzialmente dal tipo di sostanza utilizzato negli esperimenti e, in particolare, dal valore dell'energia di legame dei nuclei atomici coinvolti, come già spiegato nel Capitolo 5 di questo libro. Va naturalmente tenuto conto delle probabilità di perdita di energia dei materiali tramite una emissione spontanea di fotoni (ovvero di onde elettromagnetiche). Tale probabilità è particolarmente elevata per vari tipi di nuclei atomici e questo spiega come la cavitazione ultrasonica di certe sostanze dia luogo alla sonoluminescenza, senza produrre altri effetti. Infatti in tali sostanze la elevata concentrazione di energia prodotta dalla cavitazione dà luogo ad uno stato di plasma a temperature piuttosto alte ma non elevatissime, plasma che però perde subito energia per emissione spontanea di fotoni producendo onde elettromagnetiche con frequenze in un range centrato sul visibile, che dà luogo, per l'appunto, all'effetto della sonoluminescenza.

A questo proposito, per avere un'idea dei complicati fenomeni che possono aver luogo in presenza di una cavitazione ultrasonica va ricordato che gli studi teorici sulla comparsa di onde di shock all'interno di una bolla durante una fase di collasso innescato da un'onda di pressione esterna (i lavori fondamentali sono quelli di Wu e Roberts, 1993[53]; Moss et al., 1994[54]) hanno chiaramente mostrato come queste onde, dotate di una elevatissima velocità che le fa concentrare verso il punto centrale della bolla, sono sicuramente in grado di produrre una forte concentrazione di energia, in grado di innescare una consistente deformazione della struttura dello spazio-tempo all'interno di un piccolissima regione, ben più piccola del minimo volume raggiunto dalla bolla stessa. Tuttavia tali onde rimbalzano subito violentemente contro questo nucleo centrale, generando una contro-onda di shock che viaggia in direzione opposta e sottrae rapidamente energia al materiale contenuto nella bolla o presente sul suo bordo. Tale perdita di energia produce un contro-effetto che, ad ogni ciclo di cavitazione fa sì che l'energia effettivamente utilizzata per produrre il collasso venga in realtà utilizzata solo in parte per produrre una deformazione dello spazio-tempo.

Effetti come quello citato (confermati sperimentalmente da un gran numero di studi, a cominciare da quelli di

---

53 Wu, C.C., Roberts, P.H., 1993, Shoch-wave propagation in sonoluminescing gas bubble. *Physical Review Letters*, Vol. 70(22), pp. 3424-3427.

54 Moss, W.C., Clarke, D.B., White, J.W., Young, D.A., 1994, Hydrodinamic simulations of bubble collapse and picosecond sonoluminescence. *Physics of Fluids. A. Fluid dynamics*, Vol. 6(9), pp. 2979-2985.

Holzfuss et al., 1998[55], Pecha e Gompf, 2000[56], fino a giungere ai più recenti di Pavlenko et al., 2013[57]) fanno sì che il processo di deformazione spazio-temporale prodotta da un contributo di energia possa essere paragonato al riempimento di liquido in un recipiente che contiene sul fondo un buco da cui il liquido presente può fuggire liberamente. Certamente, se ad ogni istante il liquido fornito da un rubinetto esterno è, magari di poco, superiore al liquido perso nello stesso istante grazie al buco sul fondo, pian piano si riesce a riempire tutto il recipiente. Per farlo occorre però un tempo sufficiente, che dipende dalle caratteristiche fisiche del sistema e dai tassi di incremento e di perdita del liquido. Si capisce, poi, come nel caso della cavitazione ultrasonica la presenza di molti complicati effetti, con andamenti temporali spesso non-lineari, renda difficile la costruzione di modelli soddisfacenti dell'evoluzione della deformazione spazio-temporale.

Infatti fino ad ora il processo di progressiva integrazione della stimolazione energetica prodotta dal cavitatore ad ultrasuoni è stato evidenziato principalmente tramite misure di tipo sperimentale, mentre ancora mancano

---

55 Holzfuss, J., Rüggeberg, M., Billo, A., 1998, Shock wave emissions of a sonoluminescing bubble. *Physical Review Letters*, Vol. 81(24), pp. 5434-5437.

56 Pecha, R., Gompf, B., 2000, Microimplosions: Cavitation collapse and shock wave emission on a nanosecond time scale. *Physical Review Letters*, Vol. 84(6), pp. 1328-1330.

57 Pavlenko, A.V., Shestachenko, O.E., Tyaktev, A.A., Piskunov, Yu.A., Popov, V.N., Bugaenko, I.L., Sviridov, E.V., Andreev, A.M., Baishev, A.I., Medvedev, V.M., 2013, An experimental study of gas-bubble evolution on a single exposure to a variable pressure field. *Physica Scripta*, Vol. T155, 014015.

modelli teorici adeguati del fenomeno. Va tuttavia fatto notare che la teoria della Relatività Deformata sembra l'approccio più adatto a render conto dei dati osservativi, dato che altri meccanismi in grado di favorire la comparsa di reazioni termonucleari anche a temperature abbastanza basse (ad esempio l'effetto tunnel quantistico, la forma della distribuzione statistica dell'energia cinetica delle particelle, l'influenza di interazioni deboli, ecc.) producono, da un lato, effetti debolissimi e, dall'altro, non presentano aspetti che rendano conto della progressiva integrazione delle energie fornite.

In conclusione, si può affermare che il quadro teorico e sperimentale delle ricerche sulle reazioni piezo-nucleari ultrasoniche, presentato sinteticamente in questo libro, evidenzia aspetti assai interessanti per coloro che rivolgono l'attenzione a reazioni nucleari a "lieve energia" (nella letteratura americana il nome usato per questo tipo di reazioni è "Low Energy Nuclear Reactions", abbreviato in LENR). Questi aspetti, per altro, non sono dovuti all'impiego di una fisica "esoterica", diversa da quella tradizionale, ma sono bensì ottenuti con il ricorso a metodi tradizionali e ben noti di sperimentazione nonché a quadri teorici largamente usati da tempo nella fisica. Naturalmente questa circostanza non implica, di per sé, che ciò che è descritto in questo libro – e nei lavori tecnici dove i risultati ottenuti sono spiegati in dettaglio – sia accettato senza problemi dalla maggioranza dei fisici. Infatti la complessità della Fisica attuale (sia per quanto riguarda i domini e i metodi di indagine sperimentale che per ciò che concerne le teorie e i metodi matematici usati) è talmente elevata che, in primo luogo, la competenza posseduta da ciascun fisico è estremamente parcellizzata (ognuno conosce uno specifico dominio di indagine) e, in secondo luogo, nessuno è ormai convinto che, in un dato settore, esista una unica teoria "perfetta" in grado di descrivere e spiegare tutti i possibili fenomeni che lo caratterizzano. Questo ha portato a far sì che in ogni specifico ambito vi siano differenti approcci concettuali (e ovviamente modellistici), ognuno dei quali è utile solo in specifici contesti. Ad esempio l'approccio basato sui campi è conveniente quando vogliamo studiare aspetti legati a strutture spazio-temporali, ma certamente un approccio basato sulle sorgenti (ovvero sulle particelle) sembra più confacente per uno che sia interessato ai fenomeni che si verificano negli acceleratori. Una situazione del genere favorisce al massimo grado la presenza di critiche, discussioni, dibattiti che, se condotti onestamente, non servono tanto a stabilire quale approccio è il "migliore", quanto a chiarire quali sono gli specifici contesti in cui un dato approccio è utilizzabile. C'è da sperare che un tale atteggiamento si presenti anche nel caso delle critiche che potranno insorgere nei confronti delle ricerche sulle reazioni piezo-nucleari ultrasoniche, dato che esso potrebbe condurre ad un avanzamento consistente delle conoscenze relative a questo interessante dominio.

Appendice A

Sintesi dei brevetti del CNR (2006) sulle applicazioni delle reazioni piezonucleari

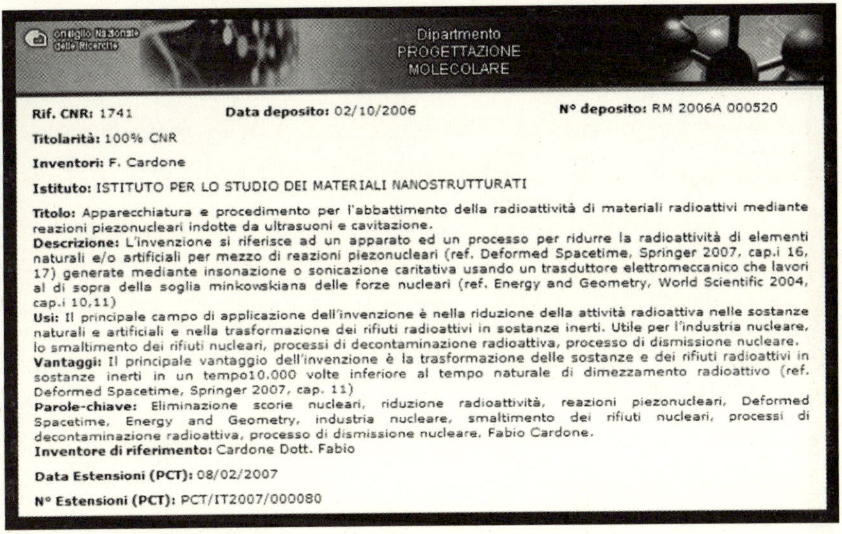

Consiglio Nazionale delle Ricerche

Dipartmento PROGETTAZIONE MOLECOLARE

Rif. CNR: 1741 **Data deposito:** 02/10/2006 **N° deposito:** RM 2006A 000520

Titolarità: 100% CNR

Inventori: F. Cardone

Istituto: ISTITUTO PER LO STUDIO DEI MATERIALI NANOSTRUTTURATI

Titolo: Apparecchiatura e procedimento per l'abbattimento della radioattività di materiali radioattivi mediante reazioni piezonucleari indotte da ultrasuoni e cavitazione.
Descrizione: L'invenzione si riferisce ad un apparato ed un processo per ridurre la radioattività di elementi naturali e/o artificiali per mezzo di reazioni piezonucleari (ref. Deformed Spacetime, Springer 2007, cap.i 16, 17) generate mediante insonazione o sonicazione caritativa usando un trasduttore elettromeccanico che lavori al di sopra della soglia minkowskiana delle forze nucleari (ref. Energy and Geometry, World Scientific 2004, cap.i 10,11)
Usi: Il principale campo di applicazione dell'invenzione è nella riduzione della attività radioattiva nelle sostanze naturali e artificiali e nella trasformazione dei rifiuti radioattivi in sostanze inerti. Utile per l'industria nucleare, lo smaltimento dei rifiuti nucleari, processi di decontaminazione radioattiva, processo di dismissione nucleare.
Vantaggi: Il principale vantaggio dell'invenzione è la trasformazione delle sostanze e dei rifiuti radioattivi in sostanze inerti in un tempo10.000 volte inferiore al tempo naturale di dimezzamento radioattivo (ref. Deformed Spacetime, Springer 2007, cap. 11)
Parole-chiave: Eliminazione scorie nucleari, riduzione radioattività, reazioni piezonucleari, Deformed Spacetime, Energy and Geometry, industria nucleare, smaltimento dei rifiuti nucleari, processi di decontaminazione radioattiva, processo di dismissione nucleare, Fabio Cardone.
Inventore di riferimento: Cardone Dott. Fabio

Data Estensioni (PCT): 08/02/2007

N° Estensioni (PCT): PCT/IT2007/000080

Scheda del primo brevetto del CNR relativo all'abbattimento delle sostanze radioattive, mediante reazioni nucleari ultrasoniche. Il brevetto è stato pubblicato, dal 2007 al 2015, sul sito del CNR (www.dpm.cnr.it); nel 2015 è stato ceduto a titolo definitivo.

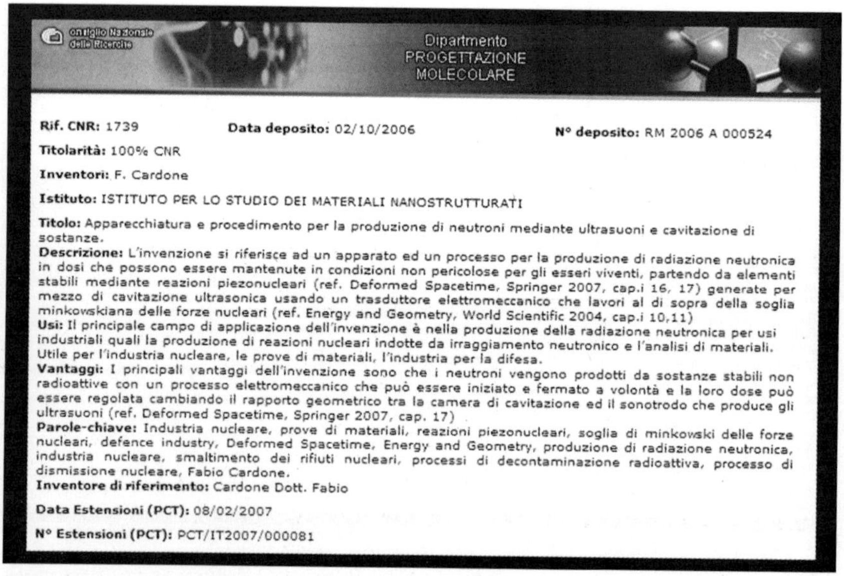

Consiglio Nazionale delle Ricerche

Dipartmento PROGETTAZIONE MOLECOLARE

Rif. CNR: 1739 **Data deposito:** 02/10/2006 **N° deposito:** RM 2006 A 000524

Titolarità: 100% CNR

Inventori: F. Cardone

Istituto: ISTITUTO PER LO STUDIO DEI MATERIALI NANOSTRUTTURATI

Titolo: Apparecchiatura e procedimento per la produzione di neutroni mediante ultrasuoni e cavitazione di sostanze.

Descrizione: L'invenzione si riferisce ad un apparato ed un processo per la produzione di radiazione neutronica in dosi che possono essere mantenute in condizioni non pericolose per gli esseri viventi, partendo da elementi stabili mediante reazioni piezonucleari (ref. Deformed Spacetime, Springer 2007, cap.i 16, 17) generate per mezzo di cavitazione ultrasonica usando un trasduttore elettromeccanico che lavori al di sopra della soglia minkowskiana delle forze nucleari (ref. Energy and Geometry, World Scientific 2004, cap.i 10,11)

Usi: Il principale campo di applicazione dell'invenzione è nella produzione della radiazione neutronica per usi industriali quali la produzione di reazioni nucleari indotte da irraggiamento neutronico e l'analisi di materiali. Utile per l'industria nucleare, le prove di materiali, l'industria per la difesa.

Vantaggi: I principali vantaggi dell'invenzione sono che i neutroni vengono prodotti da sostanze stabili non radioattive con un processo elettromeccanico che può essere iniziato e fermato a volontà e la loro dose può essere regolata cambiando il rapporto geometrico tra la camera di cavitazione ed il sonotrodo che produce gli ultrasuoni (ref. Deformed Spacetime, Springer 2007, cap. 17)

Parole-chiave: Industria nucleare, prove di materiali, reazioni piezonucleari, soglia di minkowski delle forze nucleari, defence industry, Deformed Spacetime, Energy and Geometry, produzione di radiazione neutronica, industria nucleare, smaltimento dei rifiuti nucleari, processi di decontaminazione radioattiva, processo di dismissione nucleare, Fabio Cardone.

Inventore di riferimento: Cardone Dott. Fabio

Data Estensioni (PCT): 08/02/2007

N° Estensioni (PCT): PCT/IT2007/000081

Scheda del secondo brevetto del CNR relativo alla produzione di neutroni mediante reazioni nucleari ultrasoniche. Il brevetto è stato pubblicato, dal 2007 al 2015, sul sito del CNR (www.dpm.cnr.it); nel 2015 è stato ceduto a titolo definitivo.

Consiglio Nazionale delle Ricerche

Dipartimento PROGETTAZIONE MOLECOLARE

Rif. CNR: 1740 **Data deposito:** 02/10/2006 **N° deposito:** RM 2006 A 000522

Titolarità: 100% CNR

Inventori: F. Cardone

Istituto: ISTITUTO PER LO STUDIO DEI MATERIALI NANOSTRUTTURATI

Titolo: Processo e impianto per la produzione di reazioni piezonucleari endotermiche ed esotermiche mediante ultrasuoni e cavitazione di sostanze.

Descrizione: L'invenzione si riferisce ad un processo ed un impianto per la produzione di reazioni piezonucleari endotermiche ed esotermiche mediante la cavitazione ultrasonica di opportune sostanze (ref. Deformed Spacetime, Springer 2007, cap.11). Nel caso di reazioni esotermiche vi è la produzione di vapore che è poi convogliato ad una turbina per la produzione di energia meccanica. Nel caso di reazioni endotermiche, vi è consumo di energia elettrica per la generazione di reazioni piezonucleari che producono sostanze utili.

Usi: Il principale campo di applicazione dell'invenzione è nella costruzione di reattori nucleari ultrasonici a due stadi per la produzione di energia meccanica e sostanze utili come materie prime partendo da liquidi non radioattivi. Utile per produzione di energia e produzione di materie prime

Vantaggi: Il principale vantaggio dell'invenzione è di fare uso di liquidi non radioattivi di facile e comune reperimento nei quali vengono generate reazioni piezonucleari mediante cavitazione ultrasonica.

Parole-chiave: Industria per la produzione di energia, Produzione di materie prime, reattore nucleare ultrasonico, reazioni piezonucleari endotermiche-esotermiche, industria nucleare, smaltimento dei rifiuti nucleari, processi di decontaminazione radioattiva, processo di dismissione nucleare , Deformed Spacetime, Fabio Cardone.

Inventore di riferimento: Cardone Dott. Fabio

Data Estensioni (PCT): 13/03/2007

N° Estensioni (PCT): PCT/IT2007/000183

Scheda del terzo brevetto del CNR relativo alla produzione di reazioni piezonucleari endotermiche ed esotermiche mediante reazioni nucleari ultrasoniche, per la costruzione di un reattore. Il brevetto è stato pubblicato, dal 2007 al 2015, sul sito del CNR (www.dpm.cnr.it); nel 2015 è stato ceduto a titolo definitivo.

Appendice B

Frontespizi degli articoli sulle reazioni piezonucleari pubblicati dalla rivista *Physics Letters A* (2009)

Physics Letters A

Volume 373, Issues 8–9, 23 February 2009, Pages 862–866

Piezonuclear neutrons

Fabio Cardone[a, b, e], Giovanni Cherubini[c, d], Andrea Petrucci[a, e]

[a] Istituto per lo Studio dei Materiali Nanostrutturati (ISMN-CNR), Via dei Taurini, 00185 Roma, Italy

[b] GNFM, Istituto Nazionale di Alta Matematica "F. Severi", Città Universitaria, P.le A. Moro 2, 00185 Roma, Italy

[c] ARPA Radiation Laboratories Via Montezebio, 01100 Viterbo, Italy

[d] Facoltà di Medicina, Università degli Studi "La Sapienza", P.le A. Moro, 2-00185 Roma, Italy

[e] Dipartimento di Fisica "E. Amaldi", Università degli Studi "Roma Tre", Via della Vasca Navale, 84-00146 Roma, Italy

Received 6 December 2008, Accepted 29 December 2008, Available online 7 January 2009

Communicated by F. Porcelli

Abstract

We report the results of neutron measurements carried out during the application of ultrasounds to a solution containing only stable elements like Iron and Chlorine, without any other radioactive source of any kind. These measurements, carried out by CR39 detectors and a Boron Triflouride electronic detector, evidenced the emission of neutron pulses. These pulses stand well above the electronic noise and the background of the laboratory where the measurements were carried out.

Corresponding author at: Dipartimento di Fisica "E. Amaldi", Università degli Studi "Roma Tre", Via della Vasca Navale, 84-00146 Roma, Italy.

Cardone, F. - Cherubini, G. - Petrucci, A. (2009), "Piezonuclear neutrons", in *Physics Letters A*, 373/8-9, pp. 862-866.

Physics Letters A

Volume 373, Issue 22, 11 May 2009, Pages 1956–1958

Piezonuclear decay of thorium

Fabio Cardone[a, b], Roberto Mignani[b, c, d], Andrea Petrucci[c]

[a] Istituto per lo Studio dei Materiali Nanostrutturati (ISMN–CNR), Via dei Taurini, 00185 Roma, Italy

[b] GNFM, Istituto Nazionale di Alta Matematica "F. Severi", Città Universitaria, P.le A. Moro 2, 00185 Roma, Italy

[c] Dipartimento di Fisica "E. Amaldi", Università degli Studi "Roma Tre", Via della Vasca Navale 84, 00146 Roma, Italy

[d] I.N.F.N., Sezione di Roma III, Italy

Received 9 February 2009, Accepted 28 March 2009, Available online 5 April 2009

Communicated by F. Porcelli

Abstract

We show that cavitation of a solution of thorium-228 in water induces its transformation at a rate 10^4 times faster than the natural radioactive decay would do. This result agrees with the alteration of the secular equilibrium of thorium-234 obtained by a Russian team via explosion of titanium foils in water and solutions. These evidences further support some preliminary clues for the possibility of piezonuclear reactions (namely nuclear reactions induced by pressure waves) obtained in the last ten years.

Corresponding author at: Dipartimento di Fisica "E. Amaldi", Università degli Studi "Roma Tre", Via della Vasca Navale 84, 00146 Roma, Italy.

Cardone, F. - Mignani, R. - Petrucci, A. (2009), "Piezonuclear decay of thorium", in *Physics Letters A*, 373/22, pp. 1956-1958.

ELSEVIER

Physics Letters A

Volume 373, Issue 45, 2 November 2009, Pages 4158–4163

Piezonuclear neutrons from fracturing of inert solids

F. Cardone[a, b], A. Carpinteri[c], G. Lacidogna[c]

[a] Istituto per lo Studio dei Materiali Nanostrutturati (ISMN-CNR), Via dei Taurini 19, 00185 Roma, Italy

[b] Dipartimento di Fisica "E. Amaldi", Università degli Studi "Roma Tre", Via della Vasca Navale, 84-00146 Roma, Italy

[c] Department of Structural Engineering and Geotechnics, Politecnico di Torino, Corso Duca degli Abruzzi 24, 10129 Turin, Italy

Received 17 March 2009, Revised 2 September 2009, Accepted 10 September 2009, Available online 15 September 2009

Communicated by F. Porcelli

Abstract

Neutron emission measurements by means of helium-3 neutron detectors were performed on solid test specimens during crushing failure. The materials used were marble and granite, selected in that they present a different behaviour in compression failure (i.e., a different brittleness index) and a different iron content. All the test specimens were of the same size and shape. Neutron emissions from the granite test specimens were found to be of about one order of magnitude higher than the natural background level at the time of failure. These neutron emissions should be caused by nucleolysis or piezonuclear "fissions" that occurred in the granite, but did not occur in the marble: $Fe^{30}_{26} \rightarrow 2Al^{14}_{13} + 2$ **neutrons**. The present natural abundance of aluminum (7–8% in the Earth crust), which is less favoured than iron from a nuclear point of view, is possibly due to the above piezonuclear fission reaction. Despite the apparently low statistical relevance of the results presented in this Letter, it is useful to present them in order to give to other teams the possibility to repeat the experiment.

Keywords

Neutron emission; Piezonuclear reactions; Rocks crushing failure; Strain localization; Material interpenetration

Corresponding author. Tel.: +39 0115644850; fax: +39 0115644899.

Cardone, F. - Carpinteri, A. - Lacidogna, G. (2009), "Piezonuclear neutrons from fracturing of inert solids", in *Physics Letters A*, 373/45, pp. 4158-4163.

Appendice C

Testo dell'Ordine del Giorno del Parlamento Italiano del 12 maggio 2009 sull'applicazione industriale delle reazioni piezonucleari (collegato alla Legge 99/2009)[58]

Senato della Repubblica — XVI LEGISLATURA

Assemblea

RESOCONTO SOMMARIO
RESOCONTO STENOGRAFICO
ALLEGATI

ASSEMBLEA

204ª seduta pubblica (pomeridiana)
martedì 12 maggio 2009

Presidenza del presidente Schifani,
indi della vice presidente Mauro

---

58 Per l'iter Parlamentare che ha portato dal Disegno di Legge 1195-A alla Legge 99/2009, si veda: http://www.senato.it/leg/16/BGT/Schede/Ddliter/32711.htm. L'Ordine del Giorno del 12 maggio 2009, ivi riportato, è divenuto "collegato" dell'articolo 14 della Legge 99/2009, vincolante per le decisioni in materia di politiche energetiche da parte del Ministero dello Sviluppo Economico. La Legge 99/2009 è stata poi sospesa, per cinque anni, dal Referendum del 2011, il cui terzo quesito abrogava le norme per la produzione di energia elettrica da fonti nucleari. La sospensione scade dunque nell'anno 2016. Il testo qui presentato – come si può vedere dagli omissis – è un estratto del dibattimento completo. Per il testo completo si rimanda al sito: http://www.senato.it/service/PDF/PDFServer/BGT/00417613.pdf.

RESOCONTO SOMMARIO

Presidenza del presidente SCHIFANI

La seduta inizia alle ore 16,35.

Previa verifica del numero legale, chiesta dal senatore PEGORER (PD), il Senato approva il processo verbale della seduta pomeridiana del 7 maggio. (Applausi ironici dal Gruppo PD).

Comunicazioni della Presidenza

PRESIDENTE. L'elenco dei senatori in congedo e assenti per incarico ricevuto dal Senato nonché ulteriori comunicazioni all'Assemblea saranno pubblicati nell'allegato B al Resoconto della seduta odierna.

Preannunzio di votazioni mediante procedimento elettronico

PRESIDENTE. Avverte che dalle ore 16,41 decorre il termine regolamentare di preavviso per eventuali votazioni mediante procedimento elettronico.

... OMISSIS ...

Seguito della discussione del disegno di legge:

(1195) *Disposizioni per lo sviluppo e l'internazionalizzazione delle imprese, nonché in materia di energia ......*

PRESIDENTE. Riprende l'esame degli articoli, nel testo proposto dalla Commissione, **......**

... OMISSIS ...

PRESIDENTE. Passa all'esame dell'articolo 14 e dei relativi emendamenti e ordini del giorno.

... OMISSIS ...

PARAVIA, *relatore.* **......** e si rimette alla valutazione del Governo per quanto riguarda gli emendamenti 14.30, 14.59 e per gli ordini del giorno G14.300

URSO, *sottosegretario di Stato per lo sviluppo economico.* Accoglie infine l'ordine del giorno G14.300 **......**

FLUTTERO *(PdL).* Chiede di aggiungere la firma all'ordine del giorno G14.300 **......**

... OMISSIS ...

Il Senato approva gli emendamenti 14.450 e 14.67 e l'ordine del giorno G14.300.

......

Con votazione nominale elettronica, chiesta dalla senatrice INCOSTANTE (PD), il Senato approva l'articolo 14, nel testo emendato.

... OMISSIS ...

ORDINI DEL GIORNO

G14.300

CAGNIN, MONTI, FLUTTERO (*)

Approvato

Premesso che:

il disegno di legge 1195-A intende affrontare alcune problematiche di natura strutturale che investono importanti settori strategici del nostro Paese con particolare riferimento al comparto energetico;

le risorse energetiche rappresentano bene fondamentale per lo sviluppo e la ricchezza di ogni Paese, specie per un Paese come Italia, che è costretta a sopportare pesanti oneri per l'assoluta dipendenza energetica nei confronti di terzi;

le misure adottate in materia di energia pongono le basi per r adozione un piano energetico nazionale che vede nella diversificazione delle fonti, nello sfruttamento delle fonti energetiche rinnovabili, e nello sviluppo del nucleare gli obiettivi strategici da perseguire per riportare il costo dell'energia sui livelli degli altri Paesi europei;

lo sviluppo della fonte di energia nucleare rappresenta una grande opportunità di sviluppo, permettendo di colmare quel gup energetico che l'Italia ha accumulato in questi anni nei confronti dagli altri Paesi europei. I dati confermano che l'energia utilizzata dall'Europea proviene per il 70% dal nucleare e dal carbone, mentre solo in Francia la percentuale di nucleare utilizzata è pari al 78% dell'energia prodotta;

permangono, ad oggi, alcune perplessità su come verranno affrontati nel prossimo futuro alcuni nodi non espressamente disciplinati nell'ambito del provvedimento in esame, primo fra tutti il problema legato allo smaltimento de rifiuti radioattivi;

nell'ultimo decennio in Italia sono stati condotti importanti studi sulle reazioni piezo-nucleari, sia nei liquidi che nei solidi, le quali possono essere prodotte da diverse fenomenologie tra cui onde di pressione, onde d'urto, ultrasuoni, fratture fragile, eccetera;

i risultati della ricerca sulle reazioni piezo-nucleari potrebbero avere un forte impatto sullo sviluppo di tecnologie nucleari pulite, svolgendo il ruolo determinante anche in termini di smaltimento delle scorie radioattive,

impegna il Governo:

ad adottare, anche attraverso provvedimenti legislativi, idonee misure di sostegno finanziario per lo studio e l'applicazione industriale delle reazioni piezo-nucleari scoperte dal Consiglio Nazionale delle Ricerche (CNR) per i liquidi e dal Politecnico di Torino per i solidi e brevettate dal CNR.

(*) Firma aggiunta in corso di seduta

Testo dell'Ordine del Giorno del Parlamento Italiano del 30 giugno 2009[59] sull'applicazione industriale delle reazioni piezonucleari

RESOCONTO
SOMMARIO E STENOGRAFICO

194.

SEDUTA DI MARTEDÌ 30 GIUGNO 2009

PRESIDENZA DEL VICEPRESIDENTE **ROCCO BUTTIGLIONE**

INDI

DEL VICEPRESIDENTE **ANTONIO LEONE**

---

59 Il testo qui presentato — come si può vedere dagli Omissis — è un estratto del dibattimento completo. Per il testo completo si rimanda al sito: http://leg16.camera.it/410?idSeduta=194&tipo=alfabetico_stenografico&indice=cronologico.

... ***OMISSIS*** ...

PRESIDENTE.

... ***OMISSIS*** ...

Qual è il parere del Governo sugli ordini del giorno presentati?

STEFANO SAGLIA, *Sottosegretario di Stato per lo sviluppo economico*. Signor Presidente, il Governo accetta l'ordine del giorno Aracu n. 9/1441-*ter*-C/1,

... ***OMISSIS*** ...

195. **Allegato A**

DOCUMENTI ESAMINATI NEL CORSO DELLA SEDUTA

COMUNICAZIONI ALL'ASSEMBLEA

INDICE

N. B. Questo allegato reca i documenti esaminati nel corso della seduta e le comunicazioni all'Assemblea non lette in aula.

DISEGNO DI LEGGE: DISPOSIZIONI PER LO SVILUPPO E L'INTERNAZIONALIZZAZIONE DELLE IMPRESE, NONCHÉ IN MATERIA DI ENERGIA (APPROVATO DALLA CAMERA E MODIFICATO DAL SENATO) *(A.C. 1441-TER-C)*

A.C. 1441-ter-C – Ordini del giorno

ORDINI DEL GIORNO

(Non sono compresi quelli inammissibili o ritirati)

La Camera,

premesso che:

il disegno di legge in esame affronta alcune problematiche di natura strutturale che investono importanti settori strategici del nostro Paese con particolare riferimento al comparto energetico;

le risorse energetiche rappresentano un elemento fondamentale per lo sviluppo e la ricchezza di ogni Paese, specie per un Paese come l'Italia, che è costretta a sopportare pesanti oneri per l'assoluta dipendenza energetica nei confronti dei paesi esteri;

le misure adottate in materia di energia pongono le basi per l'adozione di un piano energetico nazionale che vede nella diversificazione delle fonti, nello sfruttamento delle fonti energetiche rinnovabili e nello sviluppo del nucleare gli obiettivi strategici da perseguire per riportare il costo dell'energia sui livelli degli altri Paesi europei;

lo sviluppo della fonte di energia nucleare rappresenta una grande opportunità di sviluppo, permettendo di colmare quel *gap* energetico che l'Italia ha accumulato in questi anni nei confronti dagli altri paesi europei;

nell'ultimo decennio in Italia sono stati condotti importanti studi sulle reazioni piezo-nucleari, sia nei liquidi che nei solidi, le quali possono essere prodotte da diverse fenomenologie tra cui onde di pressione, onde d'urto, ultrasuoni;

i risultati della ricerca sulle reazioni piezo-nucleari potrebbero avere un forte impatto sullo sviluppo di tecnologie nucleari svolgendo il ruolo determinante anche in termini di smaltimento delle scorie radioattive,

impegna il Governo

ad adottare, anche attraverso provvedimenti legislativi, idonee misure di sostegno finanziario per lo studio e l'applicazione industriale delle reazioni piezo-nucleari scoperte dal Consiglio nazionale delle ricerche (CNR) per i liquidi e dal Politecnico di Torino per i solidi e brevettate dal CNR.

9/1441-*ter*-C/**1**. Aracu.

... **OMISSIS** ...

APPENDICE D

Resoconto Consiliare della Regione Abruzzo (39/2010)[60]: proposta di attuazione di un Centro Nazionale Ricerche Nuove Energie

Regione Abruzzo - 1 - *Resoconti Consiliari*

Home > Sedute del Consiglio > Sedute precedenti > 04/05/2010 > Resoconto integrale

REGIONE ABRUZZO

RESOCONTO INTEGRALE N. 39/2010

IX LEGISLATURA – SEDUTA N. 10 – 4 MAGGIO 2010

(Palazzo dell'Emiciclo - L'Aquila)

PRESIDENZA DEL PRESIDENTE **NAZARIO PAGANO**

Indice

IX Legislatura *Seduta n. 39* *4 maggio 2010*

60 Per il testo completo del Resoconto Consiliare 39/2010 della Regione Abruzzo, si vedano i siti: http://www2.consiglio.regione.abruzzo.it/affassweb/IX_Legislatura/verbali/2010/verb%20039_09.asp; http://www2.consiglio.regione.abruzzo.it/affassweb/IX_Legislatura/resoconti/2010/09-20100504-039.pdf.

VENTURONI. (componente G.R.(
No, per quanto riguarda la distribuzione l'accorpamento....

PRESIDENTE.
La ritira oppure no?

VENTURONI. (componente G.R.)
L'accertamento che c'è stato della A.S.L. di Chieti, Lanciano, Vasto....

PRESIDENTE.
Mi dica solo se la ritira o se la devo far votare. Non la ritira!
Benissimo, pongo in votazione la risoluzione.
Chi è favorevole? Chi è contrario? Chi si astiene?

(il Consiglio respinge)

RISOLUZIONE – SVILUPPO ED APPLICAZIONI DELLE REAZIONI ULTRASONICHE PIEZONUCLEARE

PRESIDENTE.
Passiamo alla risoluzione presentata dal consigliere Di Matteo, concernente "Sviluppo e applicazioni delle reazioni ultrasoniche e piezonucleare"
La diamo per letta.
La parola al consigliere Cesare D'Alessandro.

D'ALESSANDRO C. (Idv)
Grazie Presidente.
Ho letto attentamente la risoluzione del collega Di Matteo, e condivido la sua valutazione, e voterò questa risoluzione, sarebbe il caso che dicesse al suo Presidente del Consiglio, che invece di fare le centrali nucleari potenziasse questi laboratori che ancora non ci sono, con congrui finanziamenti in modo tale da poter curare nei prossimi anni, perché da quello che ho letto ci vorrà un decennio prima che qualcosa di positivo possa essere annoverato riguardo a questa tecnica di tipo nucleare, che è eccezionale almeno da quello che ho potuto leggere, utilizzando queste somme come dicevo per scopi molto più alti e più condivisi da parte di tutto il popolo italiano.

PRESIDENTE.
Prego Caramanico.

CARAMANICO. (Pd)
Io, insieme al collega Di Matteo, ci siamo fatti promotori di presentare questa risoluzione, bipartisan, io ho avuto la fortuna e la possibilità di conoscere uno degli artefici, il professor Fabio Cardone del Cnr di Roma, nostro corregionale di Sulmona, quando ero Assessore all'ambiente e all'energia ho seguito un po' tutta la vicenda, io penso che rispetto a principi così importanti, e possono dare delle risposte rivoluzionarie specialmente da un punto di vista sanitario oltre che da un punto di vista di energia pulita, perché parliamo di energia non nucleare, non da materiale radioattivo ma da cloruro di sodio, penso che noi abbiamo l'esigenza, il dovere morale di seguire e comunque di fare in modo che poi di fare le dovute verifiche se questa effettivamente parliamo di una scoperta vera oppure magari se qualcosa solo a livello di principi.
Quindi mi auguro che questo Consiglio voti all'unanimità, per dare un segnale forte rispetto a un'iniziativa del genere.

PRESIDENTE.
Bene. Prego, consigliere Di Matteo.

DI MATTEO. (Pdl)
Ringrazio i colleghi per la sensibilità, e lei a lei Presidente.

PRESIDENTE.
Pongo in votazione la risoluzione.
Chi è favorevole? Chi è contrario? Chi si astiene?

(il Consiglio approva)

RISOLUZIONE – LEGGE 23 LUGLIO 2009, N. 99, ART. 25, COMMA 2, LETTERA G). DISPOSIZIONI PER LO SVILUPPO E L'INTERNAZIONALIZZAZIONE DELLE IMPRESE NONCHE' IN MATERIA DI ENERGIA. RICHIESTA DI ATTIVAZIONE ITER PROCEDURALE AI FINI DELL'IMPUGNAZIONE DELLA LEGGE DI FRONTE ALLA CORTE COSTITUZIONALE.

CONSIGLIO REGIONALE DELL'ABRUZZO

IX LEGISLATURA

vvvvvv

SEDUTA DEL 4.5.2010

Presidenza del Presidente: PAGANO

Consigliere Segretario: PETRI

	ASS.		ASS.		ASS.		ASS.
ACERBO		DE FANIS	X	MENNA		SAIA	
ARGIRÒ		DE MATTEIS		MILANO		SCLOCCO	
CAPORALE		DI BASTIANO		MORRA		SOSPIRI	
CARAMANICO		DI LUCA		NASUTI	X	STATI	
CASTIGLIONE		DI MATTEO		PAGANO		SULPIZIO	
CHIAVAROLI F.		DI PANGRAZIO		PALOMBA		TAGLIENTE	
CHIAVAROLI R.		DI PAOLO		PAOLINI		TERRA	
CHIODI		FEBBO		PETRI		VENTURONI	
COSTANTINI		GATTI	X	PROSPERO	X	VERÌ	
D'ALESSANDRO Camillo		GIULIANTE		RABUFFO			
D'ALESSANDRO Cesare		IAMPIERI		RICCIUTI			
D'AMICO		MASCI		RUFFINI			

VERBALE N. 39/9

OGGETTO: Risoluzione: Sviluppo e applicazioni delle reazioni ultrasoniche piezonucleare.

IL CONSIGLIO REGIONALE

Vista la risoluzione a firma dei consiglieri Di Matteo, Caramanico, Argirò, Di Bastiano, Chiavaroli Federica e Sclocco concernente: Sviluppo e applicazioni delle reazioni ultrasoniche piezonucleare;

Udito l'intervento del consigliere Caramanico;

a maggioranza Statutaria espressa con voto palese

L'APPROVA

nel testo che di seguito si trascrive:

«Premesso che

- le risorse energetiche rappresentano un bene fondamentale per lo sviluppo e la ricchezza di ogni nazione, ancor più per un paese come l'Italia che è costretto a sopportare pesanti oneri per l'assoluta dipendenza energetica nei confronti di Stati terzi;
- le misure adottate in materia di energia hanno posto le basi per l'adozione di un piano energetico regionale che vede nella diversificazioni delle fonti, nello sfruttamento delle fonti energetiche rinnovabili, due obiettivi strategici da perseguire per abbassare il costo dell'energia nella nostra Regione;
- nell'ultimo decennio in Italia sono stati condotti importanti studi sulle reazioni piezonucleari, sia nei liquidi che nei solidi, le quali possono essere prodotte da diverse fenomenologie tra cui onde di pressione, onde d'urto, ultrasuoni, fratture fragili, etc.;
- i risultati della ricerca sulle reazioni piezonucleari potrebbero avere un forte impatto sullo sviluppo in ambito sanitario di terapie antitumorali neutroniche, in ambito ambientale di tecniche efficaci decontaminanti di smaltimento delle scorie radioattive;

Tutto ciò premesso, il Consiglio impegna
Il Presidente della Regione e gli assessorati competenti

1) ad adottare, anche attraverso provvedimenti legislativi e con l'utilizzo dei fondi europei, idonee misure di sostegno finanziario per lo studio e l'applicazione industriale delle reazioni ultrasoniche piezonucleari scoperte dal Consiglio Nazionale delle Ricerche.

2) Inoltre, alla luce del piano di ricerca applicato stilato dalla SO.G.I.N. (Società di gestione Impianti Nucleari), di proprietà del Ministero dell'Industria, a chiedere di realizzare in Abruzzo un Centro Nazionale Ricerche Nuove Energie per lo sfruttamento di quanto brevettato dal C.N.R.».

IL CONSIGLIERE SEGRETARIO

IL PRESIDENTE

Appendice E

Rapporto della Commissione per le Forze Armate della Camera dei Rappresentanti degli Stati Uniti (2016)[61]

114TH CONGRESS *2d Session*	HOUSE OF REPRESENTATIVES	REPORT 114–537

NATIONAL DEFENSE AUTHORIZATION ACT
FOR FISCAL YEAR 2017

REPORT

OF THE

COMMITTEE ON ARMED SERVICES
HOUSE OF REPRESENTATIVES

ON

H.R. 4909

together with

ADDITIONAL VIEWS

[Including cost estimate of the Congressional Budget Office]

MAY 4, 2016.—Committed to the Committee of the Whole House on the State of the Union and ordered to be printed

61 Il testo completo del Rapporto è consultabile sul sito del Congresso degli Stati Uniti: https://www.congress.gov/114/crpt/hrpt537/CRPT-114hrpt537.pdf. La traduzione è dell'Autore.

COMMITTEE ON ARMED SERVICES

ONE HUNDRED FOURTEENTH CONGRESS

WILLIAM M. "MAC" THORNBERRY, Texas, *Chairman*

WALTER B. JONES, North Carolina
J. RANDY FORBES, Virginia
JEFF MILLER, Florida
JOE WILSON, South Carolina
FRANK A. LoBIONDO, New Jersey
ROB BISHOP, Utah
MICHAEL R. TURNER, Ohio
JOHN KLINE, Minnesota
MIKE ROGERS, Alabama
TRENT FRANKS, Arizona
BILL SHUSTER, Pennsylvania
K. MICHAEL CONAWAY, Texas
DOUG LAMBORN, Colorado
ROBERT J. WITTMAN, Virginia
DUNCAN HUNTER, California
JOHN FLEMING, Louisiana
MIKE COFFMAN, Colorado
CHRISTOPHER P. GIBSON, New York
VICKY HARTZLER, Missouri
JOSEPH J. HECK, Nevada
AUSTIN SCOTT, Georgia
MO BROOKS, Alabama
RICHARD B. NUGENT, Florida
PAUL COOK, California
JIM BRIDENSTINE, Oklahoma
BRAD R. WENSTRUP, Ohio
JACKIE WALORSKI, Indiana
BRADLEY BYRNE, Alabama
SAM GRAVES, Missouri
RYAN K. ZINKE, Montana
ELISE M. STEFANIK, New York
MARTHA McSALLY, Arizona
STEPHEN KNIGHT, California
THOMAS MacARTHUR, New Jersey
STEVE RUSSELL, Oklahoma

ADAM SMITH, Washington
LORETTA SANCHEZ, California
ROBERT A. BRADY, Pennsylvania
SUSAN A. DAVIS, California
JAMES R. LANGEVIN, Rhode Island
RICK LARSEN, Washington
JIM COOPER, Tennessee
MADELEINE Z. BORDALLO, Guam
JOE COURTNEY, Connecticut
NIKI TSONGAS, Massachusetts
JOHN GARAMENDI, California
HENRY C. "HANK" JOHNSON, JR., Georgia
JACKIE SPEIER, California
JOAQUIN CASTRO, Texas
TAMMY DUCKWORTH, Illinois
SCOTT H. PETERS, California
MARC A. VEASEY, Texas
TULSI GABBARD, Hawaii
TIMOTHY J. WALZ, Minnesota
BETO O'ROURKE, Texas
DONALD NORCROSS, New Jersey
RUBEN GALLEGO, Arizona
MARK TAKAI, Hawaii
GWEN GRAHAM, Florida
BRAD ASHFORD, Nebraska
SETH MOULTON, Massachusetts
PETE AGUILAR, California

ROBERT L. SIMMONS II, *Staff Director*

CONTENTS

... OMISSIS ...

Low Energy Nuclear Reactions (LENR) Briefing

The committee is aware of recent positive developments in developing low-energy nuclear reactions (LENR), which produce ultra-clean, low-cost renewable energy that have strong national security implications. For example, according to the Defense Intelligence Agency (DIA), if LENR works it will be a "disruptive technology that could revolutionize energy production and storage." The committee is also aware of the Defense Advanced Research Project Agency's (DARPA) findings that other countries including China and India are moving forward with LENR programs of their own and that Japan has actually created its own investment fund to promote such technology. DIA has also assessed that Japan and Italy are leaders in the field and that Russia, China, Israel, and India are now devoting significant resources to LENR development. To better understand the national security implications of these developments, the committee directs the Secretary of Defense to provide a briefing on the military utility of recent U.S. industrial base LENR advancements to the House Committee on Armed Services by September 22, 2016. This briefing should examine the current state of research in the United States, how that compares to work being done internationally, and an assessment of the type of military applications where this technology could potentially be useful.

Minority-serving institutions and minority-owned businesses

The committee recognizes the near-term, mid-term, and long-term impact that science and technology collaboration has on our warfighting capabilities and overall defense posture. Industry, academia, other non-governmental organizations, and Defense Department research, development, and prototyping entities, such as the Defense Advanced Research Projects Agency, all play a critical role in advancing national security. The committee is aware of the Department's efforts to harness the talent and innovation taking place in minority-owned businesses, veteran-owned businesses, small businesses, and minority-serving institutions such as Historically Black Colleges and Universities, and Hispanic-Serving Institutions. The committee encourages the Department to continue to collaborate with minority-serving institutions and minority-owned businesses. Additionally, the committee urges the Department to increase opportunities for partnerships in science, technology, engineering, and mathematics education programs, research and development efforts, and other areas across the Department's science and technology enterprise.

... OMISSIS ...

...OMISSIS...

Rapporto sulle reazioni nucleari a lieve energia (LENR)

La Commissione è al corrente dei recenti sviluppi positivi nell'evoluzione delle reazioni nucleari a lieve energia (LENR[62]), che producono energia rinnovabile ultra-pulita e a basso costo, con forti implicazioni per la sicurezza nazionale. Per esempio, secondo la Defense Intelligence Agency (DIA), se le LENR dovessero funzionare, sarebbero "una tecnologia dirompente in grado di rivoluzionare la produzione e conservazione di energia". La Commissione è inoltre a conoscenza di quanto scoperto dall'Agenzia per i Progetti di ricerca avanzata per la Difesa (DARPA), secondo cui altri Paesi, inclusi Cina e India, stanno portando avanti programmi di LENR, mentre il Giappone ha appena creato un fondo di investimento per promuovere questa tecnologia. La DIA ha inoltre accertato che Giappone e Italia sono leaders in questo settore, mentre Russia, Cina, Israele e India stanno stanziando ingenti risorse per lo sviluppo delle LENR. Al fine di meglio comprendere le implicazioni per la sicurezza nazionale di queste evoluzioni, si chiede al Segretario della Difesa di fornire alla presente Commissione per le Forze Armate della Camera dei Rappresentanti, il 22 settembre 2016, un rapporto sull'utilità militare dei recenti avanzamenti in materia di LENR, raggiunti da industrie site in territorio americano. Tale rapporto dovrebbe esaminare lo stato corrente della ricerca negli Stati Uniti, in quale relazione essa sia con il lavoro effettuato in ambiti internazionali, e fornire una valutazione del tipo di applicazioni militari in cui questa tecnologia potrebbe risultare potenzialmente utile.

...OMISSIS...

---

62 Questo è il nome dato negli Stati Uniti a tutte le reazioni nucleari che non possono essere spiegate e inquadrate secondo le conoscenze classiche della fisica moderna; tra di esse vengono comprese anche le reazioni nucleari ultrasoniche.

Fig. 1 – Il laboratorio dove sono stati condotti i primi esperimenti nel 2005.

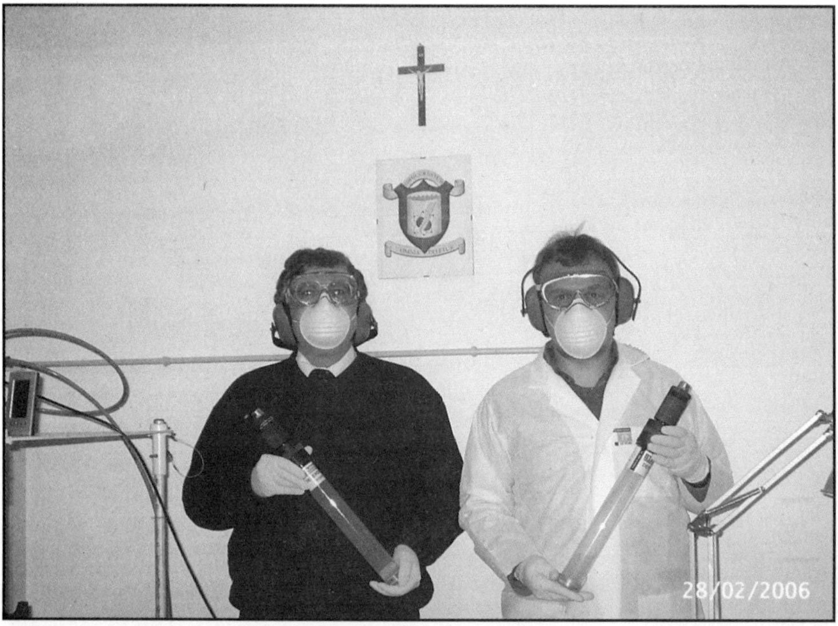

Fig. 2 – I laboratori del CNR nel 2006. In alto, appeso al muro, il motto: *Nihil creatur omnia deletur* (Nulla si crea tutto si distrugge).

Fig. 3 – Il sonotrodo cavitatore, parte principale del reattore ultrasonico.

Fig. 4 – Immagine dell'energia nucleare prodotta dal reattore ultrasonico, realizzata attraverso una gelatina che la rende visibile.

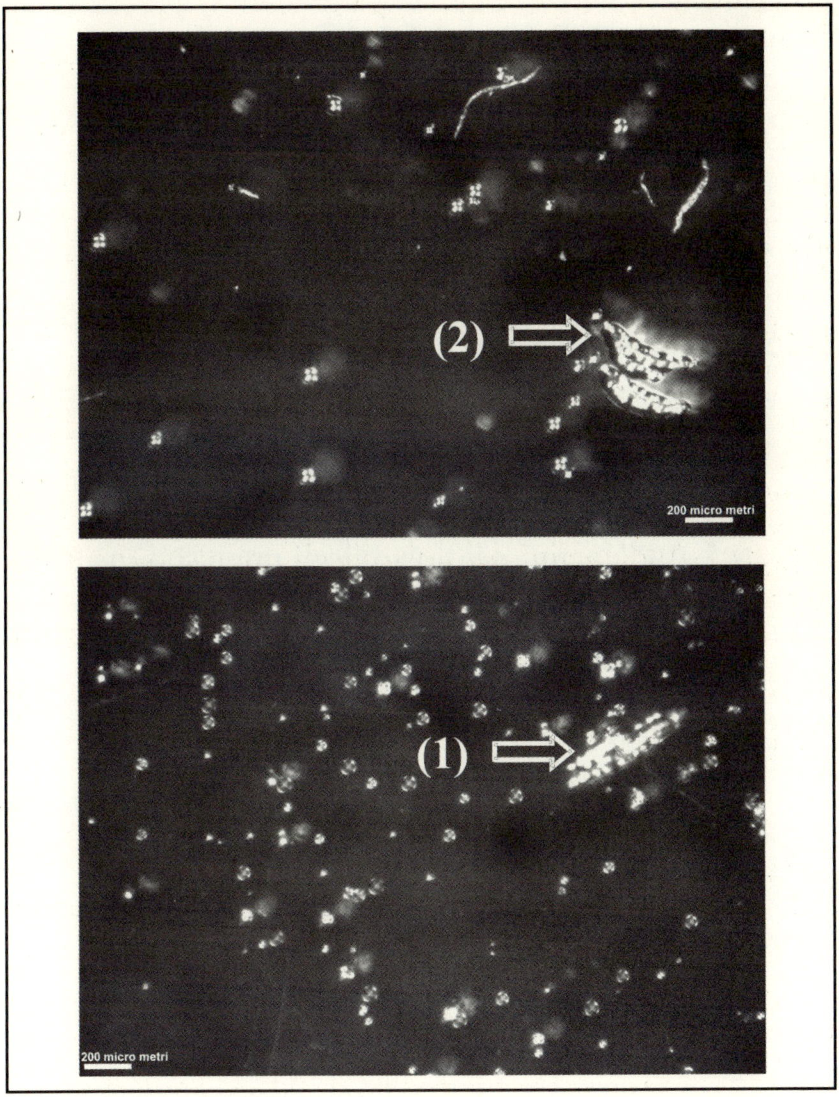

Fig. 5 – L'energia di un impulso prodotto dal reattore ultrasonico (2) è più del doppio di quella fornita da un canale di un reattore nucleare a uranio (1).

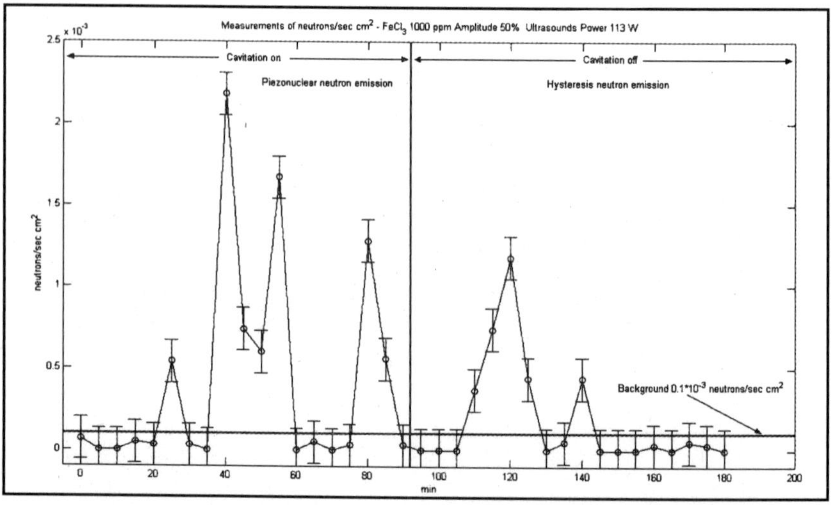

Fig. 6a – Andamento del flusso degli impulsi di neutroni al trascorrere del tempo.

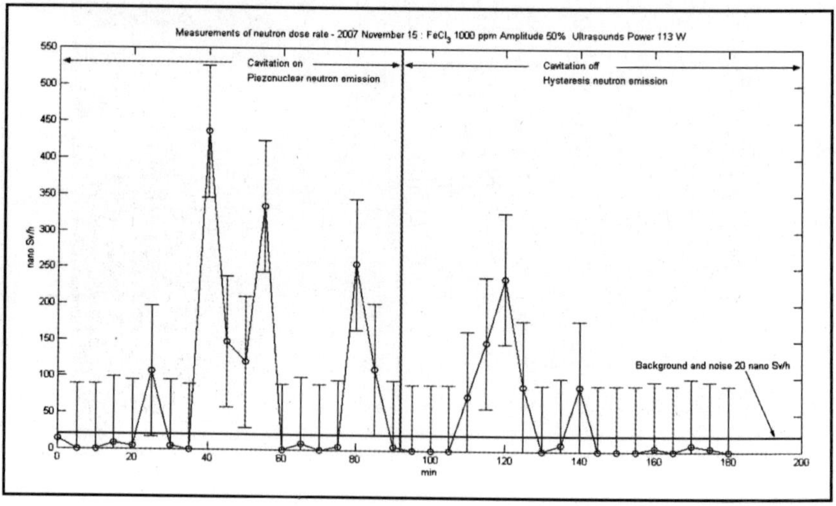

Fig. 6b – Andamento del flusso di energia trasmessa dai neutroni.

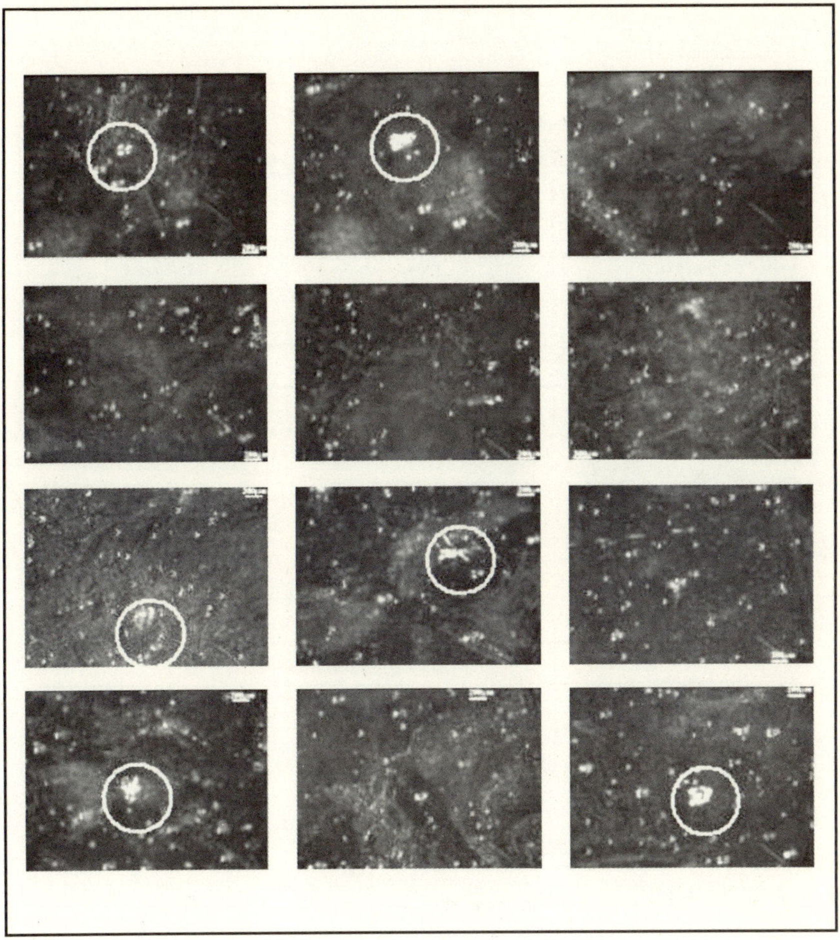

Fig. 7 – La radiazione del torio evidenziata all'interno dei cerchi. Nella prima colonna, i quattro campioni di torio senza ultrasuoni; nella seconda e terza colonna, gli otto campioni di torio con gli ultrasuoni. Il rapporto mostra come il torio, con gli ultrasuoni, abbia una radiazione che è pari alla metà di quello senza ultrasuoni. Inoltre, con gli ultrasuoni non c'è aumento di radiazioni di altro tipo.

Analisi del Torio senza Ultrasuoni		
	Conteggi del Torio	*Concentrazioni del Torio*
Campione 1	287±1	0.020±0.01
Campione 3	167±1	0.012±0.01
Campione 4	363±1	0.026±0.01
Valore Medio	272±1	0.019±0.01

Analisi del Torio sottoposto ad Ultrasuoni		
	Conteggio del Torio	*Concentrazioni del Torio*
Campione 1	231±1	0.016±0.01
Campione 3	57±1	0.004±0.01
Campione 4	79±1	0.006±0.01
Valore Medio	122.33	0.009±0.01

Rapporto tra valori medi del Torio $\frac{\textbf{Con Ultrasuoni}}{\textbf{Senza Ultrasuoni}}$	$\frac{1}{2.2}$	$\frac{1}{2.1}$

Fig. 8 – Analisi con spettrometro di massa per la misura delle concentrazioni di torio, con e senza ultrasuoni (Fonte: *Deformed Spacetime*, *op. cit.*, cap. XVII).

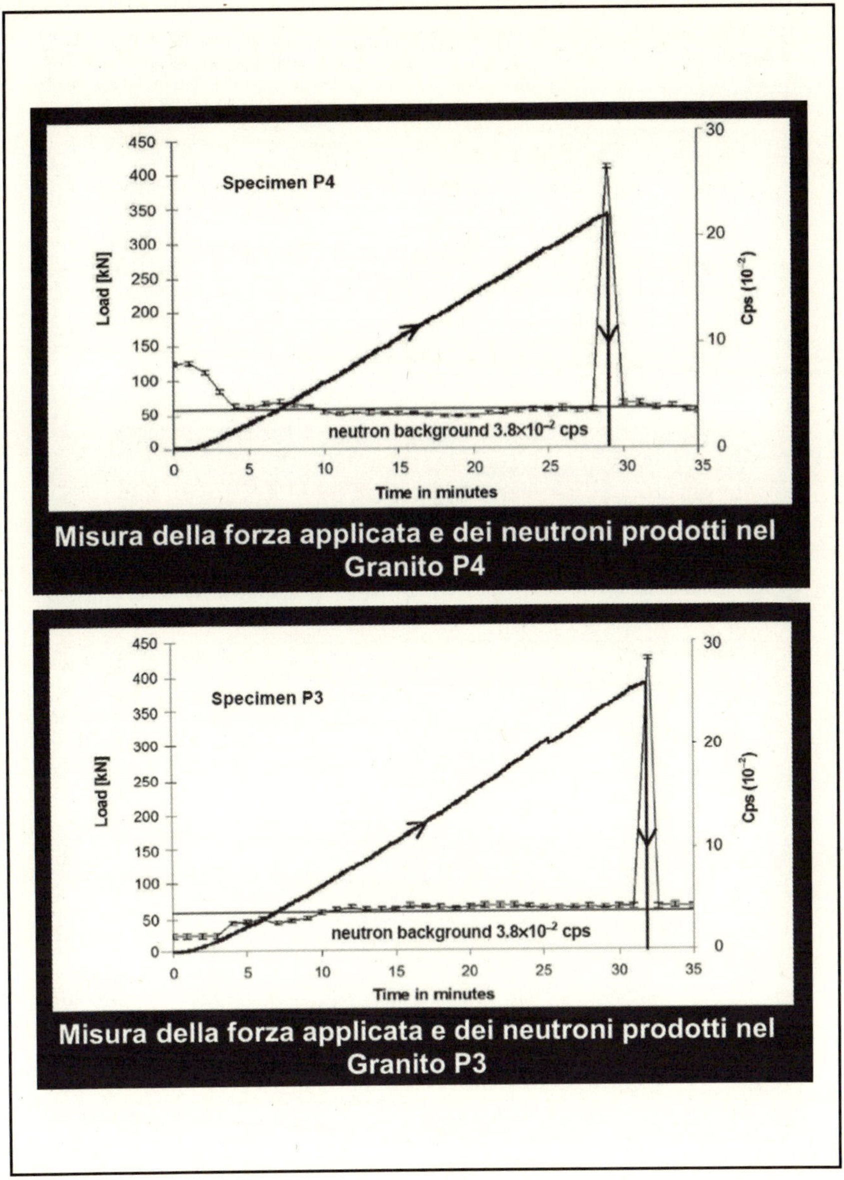

Fig. 9 – Gli impulsi di neutroni in campioni di granito fratturati.

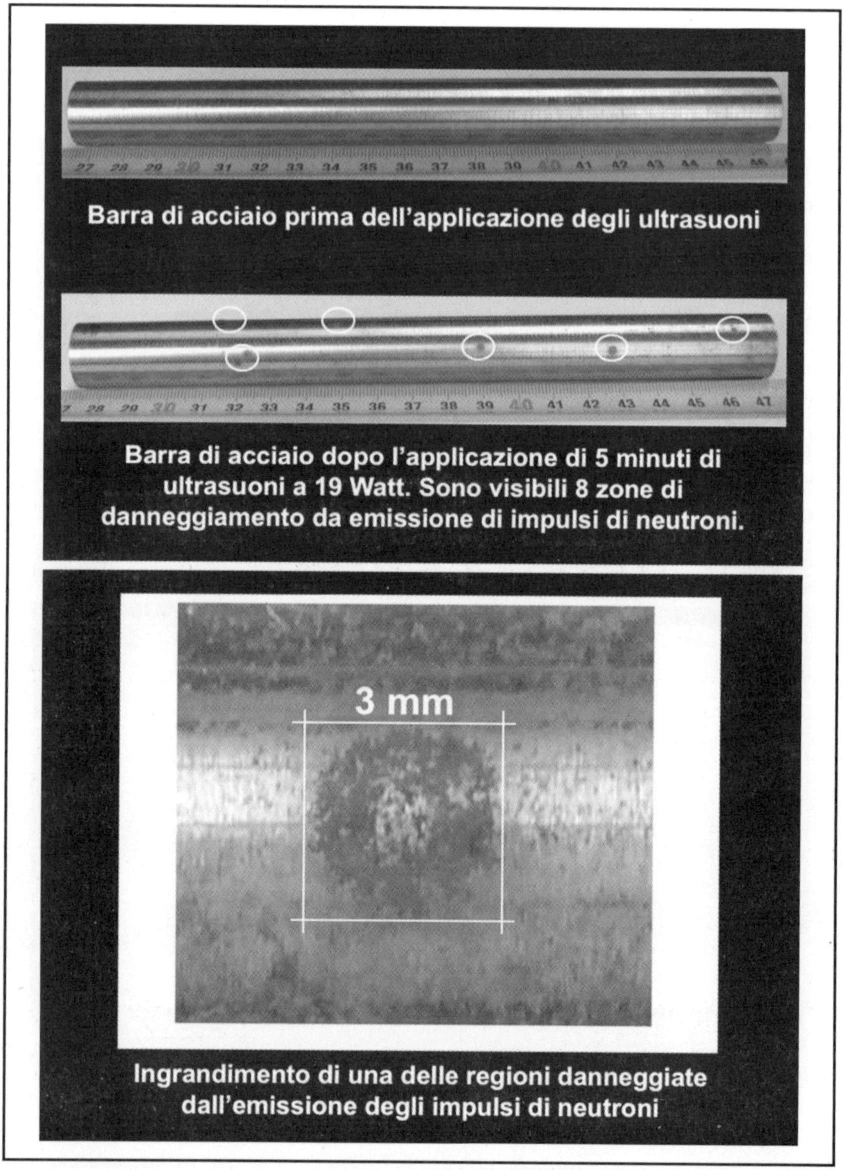

Fig. 10 – I fori di uscita dei neutroni da una barra di acciaio sottoposta a ultrasuoni.

Indice

Collana Arcobaleno

Giuseppe Arcidiacono **Salvatore Arcidiacono**	*Sintropia, entropia, informazione*
Giuseppe Arcidiacono	*La relatività dopo Einstein*
Giuseppe Arcidiacono	*Spazio, iperspazi, frattali*
Giuseppe Arcidiacono	*Zero, infinito, immaginario*
Giuseppe Arcidiacono	*Fantappié e gli universi*
Giuseppe Arcidiacono	*La teoria degli Universi - vol. I*
Giuseppe Arcidiacono	*La teoria degli Universi - vol. II*
Salvatore Arcidiacono	*L'evoluzione dopo Darwin*
Salvatore Arcidiacono	*Problemi e dibattiti di biologia teorica*
Luigi Fantappiè	*Che cos'è la sintropia*
Ignazio Licata	*Osservando la Sfinge (nuova edizione)*
Olivier Costa De Beauregard	*Irreversibilità, entropia, informazione*
Olivier Costa De Beauregard	*Il corpo sottile dell'evanescente realtà*
Eliano Pessa	*Statistica con le reti neurali*
Fabio Cardone **Roberto Mignani**	*Enrico Fermi e i secchi della Sora Cesarina*
Erasmo Recami	*Il caso Majorana*
Umberto Guidoni	*Dalla Terra alla Luna*
Euclide	*Ottica*
Degna Marconi Paresce	*Marconi, mio padre*

Paolo Manzelli Giancarlo Masini Mariagrazia Costa	*I segreti dell'acqua*
Alessandra Testa	*La mente e l'imprevisto*
Giordano Bruno	*Il primo libro della Clavis Magna*
Giordano Bruno	*Il secondo libro della Clavis Magna*
Giordano Bruno	*Il terzo libro della Clavis Magna*
Giordano Bruno	*Il quarto libro della Clavis Magna*
Giordano Bruno	*L'incantesimo di Circe*
Giordano Bruno	*De Umbris Idearum*
Giordano Bruno	*Due Orazioni*
Giordano Bruno	*L'arte di comunicare*
Giordano Bruno	*La disputa di Cambrai*
Giordano Bruno	*Il Dio dei geometri*
Giordano Bruno	*Somma dei termini metafisici*
Giordano Bruno	*Contro i matematici*
Guido del Giudice	*La coincidenza degli opposti*
Gordon J. DiRenzo	*Conoscenza e spiegazione*
Gordon J. DiRenzo	*La persona sociale*
Rosanna Ninivaggi	*Caino*

Finito di stampare nel mese di novembre 2016
presso la tipografia *Pomel sas* - Via Casilina Vecchia, 147 - 00182